Rueff

Stochastik

Skript zur Unterrichtseinheit
(Mathematik – Sekundarstufe 2)

Stochastik

Skript zur Unterrichtseinheit

(Mathematik – Sekundarstufe 2)

von Dr. Andreas Rueff

1. Auflage

 Books on Demand

Dr.-Ing. Dipl.-Phys. Andreas K. E. Rueff

Physik-Studium in Kaiserslautern, anschließend
wissenschaftlicher Mitarbeiter am Leibniz-
Institut für Neue Materialien in Saarbrücken,
Promotion in Saarbrücken, anschließend Zusatz-
qualifikation zum Lehramt für Mathematik und Physik.

Bibliographische Information der Deutschen Nationalbibliothek

Die Deutsche Nationalbibliothek verzeichnet diese Publikation in der Deutschen
Nationalbibliographie; detaillierte bibliographische Daten sind im Internet
über http://dnb.d-nb.de abrufb

Herstellung und Verlag: BoD- Books on Demand, Norderstedt
ISBN 978-3752-823981

1. Auflage, 2018
Funktionsgraphen unter Verwendung von WZ-Grapher (www.walterzorn.de)
Abbildungen (Laplace, Bernoulli, Gauß): Quelle – Wikipedia / Wikimedia Commons (Gemeinfrei)
Internetseite zum Heft: www.mathe-physik-technik.de

Vorwort

Die Ausbildung zu fördern und die erworbenen Kenntnisse für den Gebrauch in der Schule und im Alltag griffbereit zu erhalten ist das Ziel dieses Skripts. Die Zusammenstellung orientiert sich an den Inhalten der Unterrichtseinheit *Stochastik* im Rahmen des Unterrichtsfachs Mathematik in der Sekundarstufe 2. Es ist aus zahlreichen Unterrichtsvorbereitungen hervorgegangen und soll die wichtigsten Inhalte zusammenfassen.

Die vorliegende Zusammenstellung soll nur den notwendigsten Stoff in einer strukturierten Form erfassen und dadurch das Arbeiten erleichtern. Den Gesamtzusammenhang nicht aus den Augen zu verlieren ist die Absicht.

Jedes Lehrbuch lebt von der kritischen Mitarbeit der Leser. Insbesondere in der naturwissenschaftlichen Literatur lässt es sich auch bei sorgfältigster Bearbeitung kaum vermeiden, dass sich Druckfehler einschleichen. Der Verfasser freut sich deshalb über Verbesserungsvorschläge oder Hinweise auf mögliche Fehler.

Als nützliche Gedächtnisstütze zur Unterrichtseinheit zu dienen ist das Ziel.

Kaiserslautern, im Sommer 2018   A. Rueff

Inhalt

Anhang: Tabellen

Stochastik

Stochastik → „Kunst des vorausschauenden Vermutens"

Einteilung:

1) Wahrscheinlichkeitsrechnung (Wahrscheinlichkeitsvorhersage)
2) Statistik (Daten sammeln, darstellen, untersuchen)

Begriffe:

- **Experiment** (Versuch): Es kann bei unveränderten, klar definierten Bedingungen jederzeit in gleicher Weise wiederholt werden.
- **Zufallsversuch**: Vorgang mit unvorhersehbarem Ausgang:
  - Münzwurf
  - Würfelspiel
  - Glücksrad
  - Karten ziehen

> **Laplace-Experiment:** Alle Ergebnisse des Zufallsversuchs sind gleichwahrscheinlich.

- **Ergebnis**: Ein möglicher Ausgang des Zufallsversuchs (z.B.: Karte „Herz-7")
- **Ergebnisraum** Ω : Menge aller möglichen Ergebnisse (alle Karten)
- **Ereignis**: Zusammenfassung möglicherer Ergebnisse, d.h. Teilmenge des Ergebnisraums (z.B.: ziehen einer „Herz-Karte": $E = \{\heartsuit 7; \heartsuit 8; \heartsuit 9; \heartsuit 10; \heartsuit B; \heartsuit D; \heartsuit K; \heartsuit A\}$)
- **Elementarereignis**: Ereignis mit nur <u>einem</u> Element

Spezialfälle:

- **Sicheres Ereignis**: Enthält alle möglichen Ergebnisse.
- **Unmögliches Ereignis**: Enthält kein mögliches Ereignis.

- **Vereinigungsmenge**: *Herz- oder Bild-Karte*

E_1: „Herz-Karte" ; E_2: „Bild-Karte" $\rightarrow E_3 = E_1 \cup E_2$

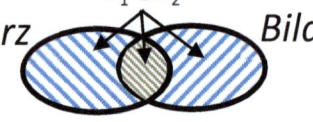

$E_3 = \{\heartsuit 7; \heartsuit 8; \heartsuit 9; \heartsuit 10; \heartsuit B; \heartsuit D; \heartsuit K; \heartsuit A; \clubsuit B; \clubsuit D; \clubsuit K; \diamondsuit B; \diamondsuit D; \diamondsuit K; \spadesuit B; \spadesuit D; \spadesuit K\}$

- **Schnittmenge**: E_1: „Herz-Karte" ; E_2: „Bild-Karte"

$\rightarrow E_3 = E_1 \cap E_2$ E_3: $\{\heartsuit B; \heartsuit D; \heartsuit K\}$

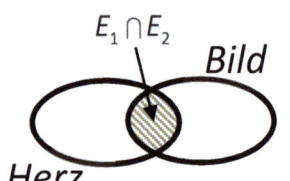

Häufigkeit und Wahrscheinlichkeit

Unterscheide: **absolute** und **relative Häufigkeit**:

Bsp.: Eine Münze wird zehnmal (n) geworfen und dabei gezählt, wie oft „Zahl" erscheint. Das Ergebnis dieser Zählung könnte sein, dass „Zahl" (Z) sechsmal erscheint.

Absolute Häufigkeit: $a_n(Z)$ - Im Beispiel: $a_{10}(Z) = 6$

Relative Häufigkeit: $h_n(Z)$ - Im Beispiel: $h_{10}(Z) = \dfrac{6}{10}$

Empirisches Gesetz der großen Zahl (Bernoulli):
Mit wachsender Versuchszahl $(n \rightarrow \infty)$ stabilisiert sich der Wert $h_n(Z)$ und konvergiert gegen einen bestimmten Wert. Dieser Wert wird als **Wahrscheinlichkeit P** des Ergebnisses bezeichnet.

Für Laplace-Experimente gilt $\rightarrow$ **Laplace-Wahrscheinlichkeit:**

$$P(E) = \frac{\text{Anzahl der günstigen Ergebnisse}}{\text{Anzahl der möglichen Ergebnisse}}$$

Wahrscheinlichkeitsverteilung:

Jedem Elementarereignis $\{e_i\}$ wir eine Wahrscheinlichkeit $P(e_i)$ zugeordnet. (i $\rightarrow$ Anzahl der Elementarereignisse, *d.h. mögliche Ergebnisse*)

Summenregel:

Die Summe aller Wahrscheinlichkeiten ergibt 1 [$P(e_1)+P(e_2)+$ $P(e_2)+...=1$]

Bsp.: Würfel: $\dfrac{1}{6}+\dfrac{1}{6}+\dfrac{1}{6}+\dfrac{1}{6}+\dfrac{1}{6}+\dfrac{1}{6}=1$

Gegenwahrscheinlichkeit:

Die Wahrscheinlichkeit des Ereignisses und seines Gegenereignisses ist gleich 1.

Bsp. Würfel: $P(\text{Zahl} < 3)=\dfrac{2}{6}$;

Gegenereignis: $P(\text{Zahl} \geq 3)=\dfrac{4}{6}$ $\rightarrow$ $\dfrac{2}{6}+\dfrac{4}{6}=1$

Additionssatz:

Für unvereinbare Ereignisse gilt: $P(E_1 \cup E_2)=P(E_1)+P(E_2)$

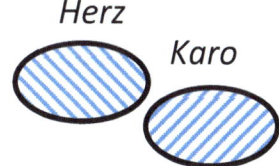

Bilden die Ereignisse eine Schnittmenge, dann gilt:

$P(E_1 \cup E_2)=P(E_1)+P(E_2)-P(E_1 \cap E_2)$

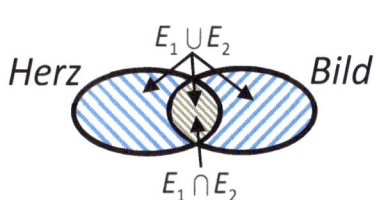

Mehrstufige Zufallsversuche

Wenn ein Zufallsexperiment aus mehr als einem einzigen Zufallsversuch besteht spricht man von einem **mehrstufigen Zufallsexperiment**. Mehrere einstufige Zufallsexperimente werden hierbei hintereinander (oder sogar gleichzeitig) durchgeführt.

Beschreibung durch Baumdiagramme:

Bsp.: Ein Würfel wird zweimal geworfen. Man möchte wissen, wie groß die Wahrscheinlichkeit dafür ist, dass zwei „Sechsen" geworfen werden.

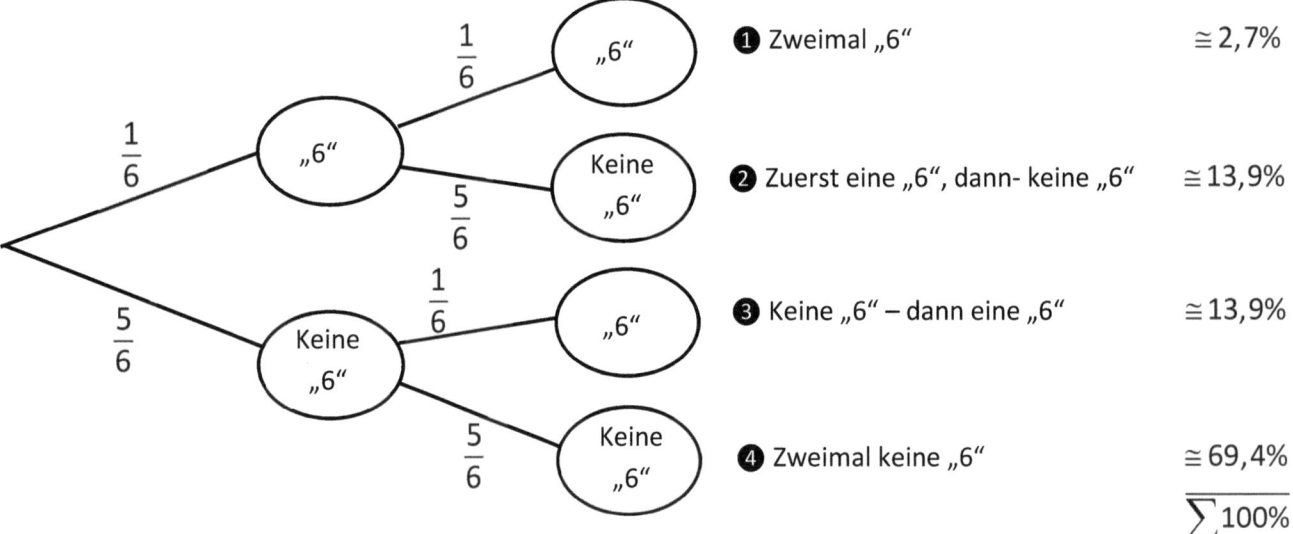

❶ Zweimal „6" $\cong 2{,}7\%$

❷ Zuerst eine „6", dann- keine „6" $\cong 13{,}9\%$

❸ Keine „6" – dann eine „6" $\cong 13{,}9\%$

❹ Zweimal keine „6" $\cong 69{,}4\%$

$\overline{\sum 100\%}$

Produktregel (Pfadregel): Die Wahrscheinlichkeit ist gleich dem Produkt der Wahrscheinlichkeiten entlang des Pfades.

Bsp.: ❶ Zweimal „6": $P(❶) = \frac{1}{6} \cdot \frac{1}{6} = \frac{1}{36}$ $\left(\hat{=} \ 0{,}02\overline{7} \cong 2{,}7\% \right)$

Summenregel: Die Wahrscheinlichkeit eines Ereignisses ist gleich der Summe aller zugehörigen Einzelwahrscheinlichkeiten entlang der jeweiligen. Pfade.

[Alle Einzelwahrscheinlichkeiten ergeben in der Summe 1 (100%)]

Kombinatorik

Direkte Wahrscheinlichkeitsbestimmung: Abzählen der Möglichkeiten

Unterscheide: Permutationen, Variationen und Kombinationen

① Permutationen:

Aus einer Reihe von n verschiedenen Elementen werden alle möglichen Anordnungen gesucht.

Bsp. 6 Kugeln, eine Anordnung wäre: ⑥ ② ① ③ ④ ⑤ → (6;2;1;3;4;5)

Die Anzahl der möglichen Anordnungen (*=Permutationen*) ergeben sich zu:

$$1 \cdot 2 \cdot 3 \cdot ... \cdot n \rightarrow \text{symbolisch:} \boxed{n!}$$

Bsp.: Die sechs Kugeln lassen sich auf $1 \cdot 2 \cdot 3 \cdot 4 \cdot 5 \cdot 6 = 720$ *verschiedene Arten anordnen.*

→ Die Anzahl vermindert sich, wenn sich a gleiche Elemente

unter den Elementen befinden: $\boxed{\dfrac{n!}{a!}}$

→ Die Anzahl vermindert sich weiter, wenn sich zudem noch b gleiche Elemente einer anderen Art unter den Elementen

befinden: $\boxed{\dfrac{n!}{a! \cdot b!}}$ etc.

② Variationen:

❶ Aus einer Reihe von n verschiedenen Elementen sollen k Elemente (**mit** Zurücklegen) gezogen werden. Die Reihenfolge <u>soll</u> dabei berücksichtigt werden.

Anzahl : $\boxed{n^k}$

❷ Aus einer Reihe von n verschiedenen Elementen sollen k Elemente (**ohne** Zurücklegen) gezogen werden. Die Reihenfolge <u>soll</u> dabei berücksichtigt werden. (k-Tupel)

Anzahl : $\quad n \cdot (n-1) \cdot (n-2) \cdot ... \cdot (n-(k-1)) \quad = \boxed{\dfrac{n!}{(n-k)!}}$

Bsp.: „6 aus 49" unter Berücksichtigung, dass die Reihenfolge zu beachten wäre.

③ Kombinationen:

❶ Aus einer Reihe von n verschiedenen Elementen sollen k Elemente (**ohne** Zurücklegen) gezogen werden. Die Reihenfolge <u>soll dabei nicht</u> berücksichtigt werden.

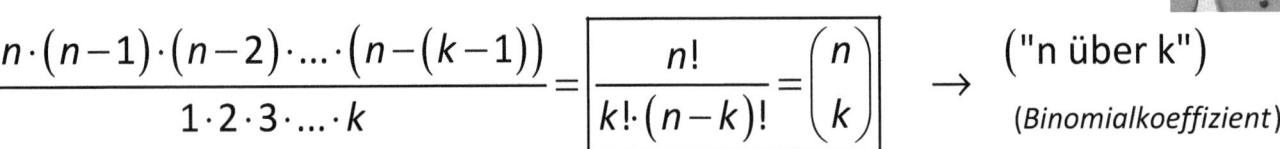

$$\frac{n \cdot (n-1) \cdot (n-2) \cdot ... \cdot (n-(k-1))}{1 \cdot 2 \cdot 3 \cdot ... \cdot k} = \boxed{\frac{n!}{k! \cdot (n-k)!} = \binom{n}{k}} \rightarrow \begin{array}{c} \text{("n über k")} \\ \textit{(Binomialkoeffizient)} \end{array}$$

Bsp 1.: Aus einem Beutel mit 8 Kugeln werden drei Kugeln gezogen. Gewonnen hat, wer die richtigen Kugeln (<u>ohne</u> Beachtung der Reihenfolge) getippt hat.

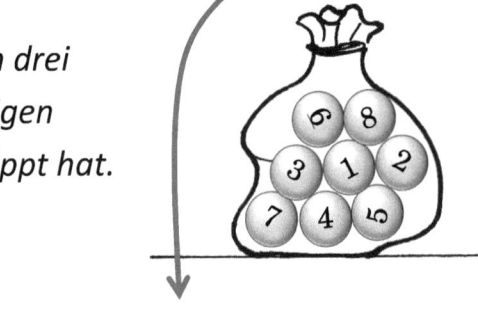

$$\binom{8}{3} = \frac{8!}{3! \cdot (8-3)!} = \frac{8!}{3! \cdot (5)!} = 56$$

$\rightarrow$ *Gewinnchance:* $\frac{1}{56}$

*Bsp 2.: **Lotto 6 aus 49**: Anzahl der Kombinationen:*

$$\binom{49}{6} = \frac{49!}{6! \cdot (49-6)!} = 13983816$$

$\rightarrow$ *Gewinnchance:* $\dfrac{1}{13983816}$

❷ Aus einer Reihe von n verschiedenen Elementen sollen k Elemente (**mit** Zurücklegen) gezogen werden. Die Reihenfolge <u>soll dabei nicht</u> berücksichtigt werden.

$$\frac{n\cdot(n+1)\cdot(n+2)\cdot...\cdot(n+(k-1))}{1\cdot 2\cdot 3\cdot...\cdot k} = \boxed{\frac{(n+(k-1))!}{k!\cdot(n-1)!}} \qquad \left[\stackrel{\wedge}{=}\binom{n+k-1}{n-1}\right]$$

Erläuterung zur Formel [③-❷] :

k aus n Elementen mit Zurücklegen ohne Beachtung der Reihenfolge.

Die Gültigkeit der Formel lässt sich an einem Beispiel erklären:

Ein Brief soll mit 6 € frankiert werden. Es stehen drei Sorten von 1€-

Briefmarken zur Verfügung: (**D**ame, **T**urm, **K**önig)

Die Briefmarken werden in einer Reihe aufgeklebt. Dabei ist die

Reihenfolge nicht von Bedeutung. Eine Möglichkeit wäre:

   (DTKKKT)

Oder:

   (KDTKTK)   usw.

Man kann die Marken folglich auch **sortieren**. Vereinbarung: Erst die

K-Marken, dann die D-Marken und am Ende die T-Marken:

 (KKKDTT)

Wir verwenden nun für die verschiedenen Möglichkeiten eine spezielle Schreibweise und vereinbaren, dass immer bei einem Wechsel der Sorte oder wenn eine Sorte fehlt, ein * geschrieben wird.

→ z.B.:   KKK*D*TT oder K*DDD*TT oder *DDDDDD* oder KKKKKK**

Es werden also immer acht Variablen benötigt, zwei davon sind immer *.

→ Die jeweilige Kombination ist dann eindeutig festgelegt, sobald man die *-Positionen kennt (z.B. [4|6] oder [2|6] oder [1|8] oder [7|8])! Die Anzahl dieser Kombinationen (2 aus 8 ohne Zurücklegen, ohne Beachtung der Reihenfolge) berechnet sich nach „n über k", also hier „8 über 2":

$$\binom{8}{2} = 28 \longleftrightarrow$$ Ziehe 6 (k) aus 3 (n) Elementen (mit Zurücklegen, ohne auf die Reihenfolge zu achten).

Allg. gilt also für die Anzahl der Kombinationen: $\boxed{\binom{n+k-1}{n-1}}$

D.h.: Aus n Elementen werden k <u>mit</u> Zurücklegen gezogen, <u>ohne</u> auf die Reihenfolge zu achten.

Bedingte Wahrscheinlichkeit

Gesucht ist die Wahrscheinlichkeit, dass ein bestimmtes Ergebnis eintritt und dabei eine <u>Bedingung</u> erfüllt sein soll.

Beispiel 1: Es werden aus einem Beutel zwei Kugeln gezogen (**ohne Zurücklegen**).

Gesucht werden die Wahrscheinlichkeiten, dass …:

❶ … beide Kugeln weiß sind.

❷ … beide Kugel nicht weiß sind.

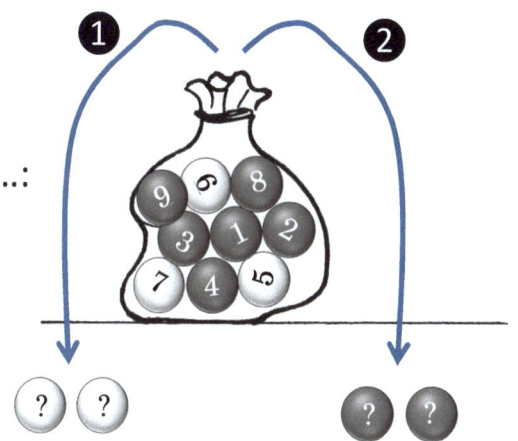

Wir verwenden wieder ein Baumdiagramm zur Verdeutlichung: *Hier gilt: Bedingung sind gleich (A=B)*

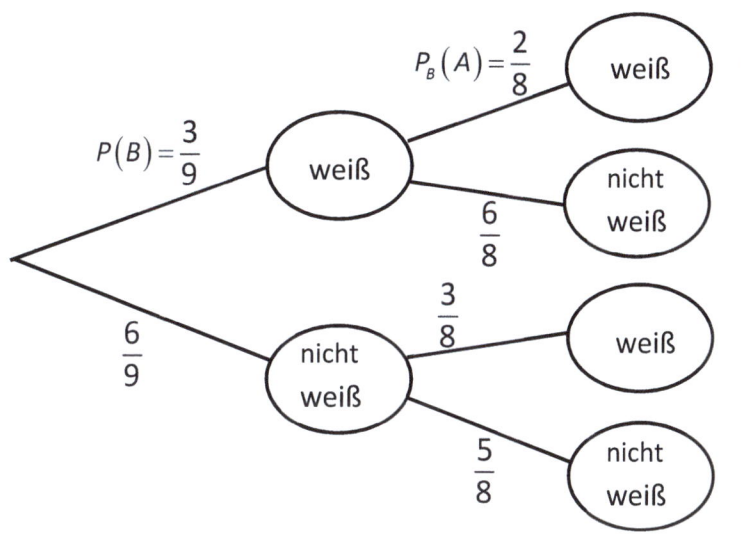

❶ Zweimal weiß $\frac{6}{72} \cong 8,3\%$ $P(A \cap B)$

Zuerst weiß, dann nicht weiß $\frac{18}{72} = 25\%$

Zuerst nicht weiß, dann weiß $\frac{18}{72} = 25\%$

❷ Zweimal nicht weiß $\frac{30}{72} \cong 41,7\%$ $P(\bar{A} \cap \bar{B})$

$$\overline{\sum 100\%}$$

Die Möglichkeiten des Wahrscheinlichkeitsexperimentes ❶ zeigt die folgende Abbildung   *[weiße Kugeln durch (w) markiert]*:

	1|2	1|3	1|4	1|5(w)	1|6(w)	1|7(w)	1|8	1|9
2|1		2|3	2|4	2|5(w)	2|6(w)	2|7(w)	2|8	2|9
3|1	3|2		3|4	3|5(w)	3|6(w)	3|7(w)	3|8	3|9
4|1	4|2	4|3		4|5(w)	4|6(w)	4|7(w)	4|8	4|9
5(w)|1	5(w)|2	5(w)|3	5(w)|4		5(w)|6(w)	5(w)|7(w)	5(w)|8	5(w)|9
6(w)|1	6(w)|2	6(w)|3	6(w)|4	6(w)|5(w)		6(w)|7(w)	6(w)|8	6(w)|9
7(w)|1	7(w)|2	7(w)|3	7(w)|4	7(w)|5(w)	7(w)|6(w)		7(w)|8	7(w)|9
8|1	8|2	8|3	8|4	8|5(w)	8|6(w)	8|7(w)		8|9
9|1	9|2	9|3	9|4	9|5(w)	9|6(w)	9|7(w)	9|8	

\>\>

Blau hinterlegt: $P(B)$ - Eine weiße Kugel wird beim ersten Zug gezogen.

Grün hinterlegt: $P(A)$ - Eine weiße Kugel wird beim zweiten Zug gezogen.

Blau-grün hinterlegt: $P(A \cap B)$ - Zwei weiße Kugeln werden gezogen.

Die Wahrscheinlichkeit für ❶ lässt sich so ausdrücken: Es wird beim zweiten Zug eine weiße Kugel gezogen $\left[P(A) \right]$ unter der Bedingung, dass beim ersten Zug auch eine weiße Kugel gezogen wurde: $P_B(A)$.

Es gilt für diese **bedingte Wahrscheinlichkeit**: $\boxed{P_B(A) = \dfrac{P(A \cap B)}{P(B)} \quad , \quad P(B) > 0}$

Umstellen führt zum **Multiplikationssatz**: $\boxed{P(A \cap B) = P(B) \cdot P_B(A)}$

(Das entspricht der Pfadregel für Baumdiagramme)

Bsp: Wahrscheinlichkeit dafür, dass aus einem Kartenspiel die 4 Asse hintereinander gezogen werden:

$$\frac{4}{32} \cdot \frac{3}{31} \cdot \frac{2}{30} \cdot \frac{1}{29} = \frac{24}{86304} \cong 0{,}000278 \;\hat{=}\; 0{,}0278\%$$

Abhängige und Unabhängige Ereignisse

Beispiel 2: Werden aus dem Beutel nacheinander zwei Kugeln **mit Zurücklegen** gezogen, dann ändert sich die Situation:

Gesucht werden wieder die Wahrscheinlichkeiten, dass …:

❶ … beide Kugeln weiß sind.

❷ … beide Kugel nicht weiß sind.

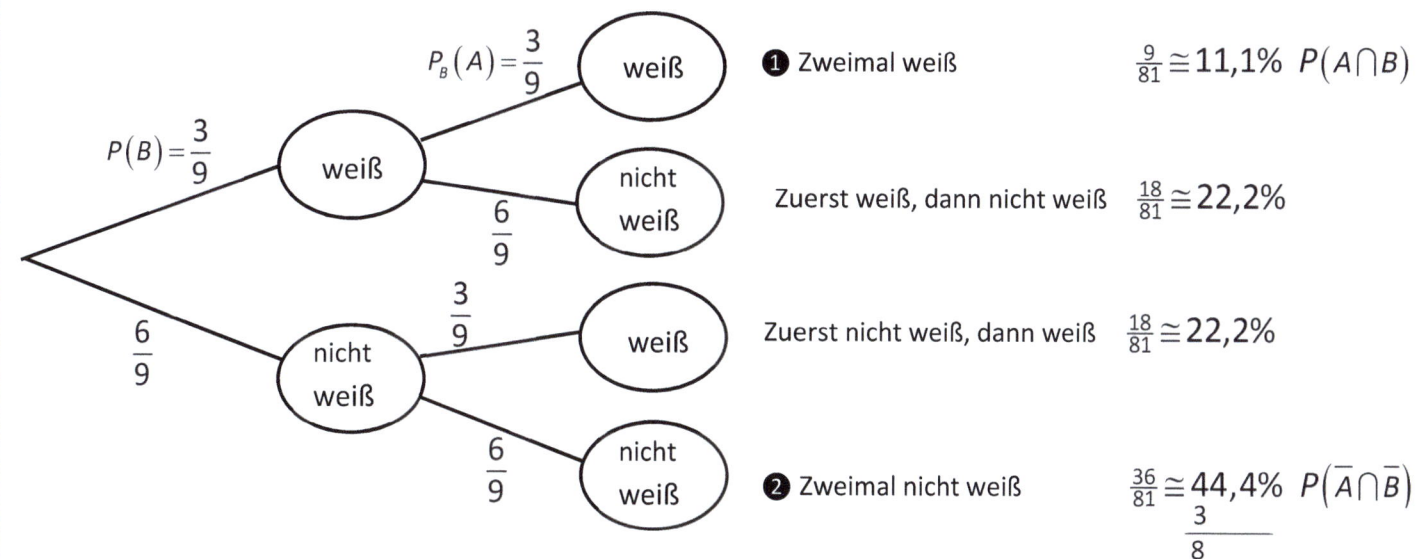

❶ Zweimal weiß $\quad \frac{9}{81} \cong 11{,}1\% \;\; P(A \cap B)$

Zuerst weiß, dann nicht weiß $\quad \frac{18}{81} \cong 22{,}2\%$

Zuerst nicht weiß, dann weiß $\quad \frac{18}{81} \cong 22{,}2\%$

❷ Zweimal nicht weiß $\quad \frac{36}{81} \cong 44{,}4\% \;\; P(\overline{A} \cap \overline{B})$

$$\frac{3}{8}$$

Hier gilt: $P_B(A) = \dfrac{3}{9}$

Für den ersten Zug (weiße Kugel) aus dem Beutel gilt ebenfalls: $P(A) = \dfrac{3}{9}$

Beide Wahrscheinlichkeiten sind hier gleich. $P_B(A) = P(A) = \frac{3}{9}$

(Dies war im Beispiel 1 nicht der Fall!)

Die Möglichkeiten des Wahrscheinlichkeitsexperimentes ❶ zeigt nochmals die folgende Abbildung:

1|1	1|2	1|3	1|4	1|5(w)	1|6(w)	1|7(w)	1|8	1|9
2|1	2|2	2|3	2|4	2|5(w)	2|6(w)	2|7(w)	2|8	2|9
3|1	3|2	3|3	3|4	3|5(w)	3|6(w)	3|7(w)	3|8	3|9
4|1	4|2	4|3	4|4	4|5(w)	4|6(w)	4|7(w)	4|8	4|9
5(w)|1	5(w)|2	5(w)|3	5(w)|4	5(w)|5(w)	5(w)|6(w)	5(w)|7(w)	5(w)|8	5(w)|9
6(w)|1	6(w)|2	6(w)|3	6(w)|4	6(w)|5(w)	6(w)|6(w)	6(w)|7(w)	6(w)|8	6(w)|9
7(w)|1	7(w)|2	7(w)|3	7(w)|4	7(w)|5(w)	7(w)|6(w)	7(w)|7(w)	7(w)|8	7(w)|9
8|1	8|2	8|3	8|4	8|5(w)	8|6(w)	8|7(w)	8|8	8|9
9|1	9|2	9|3	9|4	9|5(w)	9|6(w)	9|7(w)	9|8	9|9

Blau hinterlegt: $P(B)$ - Eine weiße Kugel wird beim ersten Zug gezogen.

Grün hinterlegt: $P(A)$ - Eine weiße Kugel wird beim zweiten Zug gezogen.

Blau-grün hinterlegt: $P(A \cap B)$ - Zwei weiße Kugeln werden gezogen.

Man spricht von *stochastisch unabhängigen Wahrscheinlichkeiten*, wenn die Situation vom zweiten Beispiel vorliegt.

Allgemein gilt dann: $\boxed{P_B(A) = P(A)}$ bzw. $P_A(B) = P(B)$

Die Vierfeldertafel

Diese zweistufigen Zufallsversuche lassen sich auch in einer Vierfeldertafel zusammenfassen. Dort sind die möglichen Ergebnisse zusammengefasst:

Beispiel 1:

	A	$\overline{A}$	
B	6	18	24
$\overline{B}$	18	30	48
	24	48	72

$$\frac{24}{72} = P(A) \neq P_B(A) = \frac{6}{24}$$
$\rightarrow$ **stoch. abhängig**

Beispiel 2:

	A	$\overline{A}$	
B	9	18	27
$\overline{B}$	18	36	54
	27	54	81

$$\frac{27}{81} = P(A) = P_B(A) = \frac{9}{27}$$
$\rightarrow$ **stoch. unabhängig**

Aufgabe: Ein Würfel wird zweimal geworfen.

Ereignis A: Augensumme 7 ;

Ereignis B: Eine einzige „5" muss fallen

1|1	1|2	1|3	1|4	1|5	1|6
2|1	2|2	2|3	2|4	2|5	2|6
3|1	3|2	3|3	3|4	3|5	3|6
4|1	4|2	4|3	4|4	4|5	4|6
5|1	5|2	5|3	5|4	5|5	5|6
6|1	6|2	6|3	6|4	6|5	6|6

$P(A) = \dfrac{6}{36}$; $P(B) = \dfrac{10}{36}$; $P_B(A) = \dfrac{2}{10}$ $\Rightarrow P(A) \neq P_B(A)$

$\rightarrow$ A und B sind abhängige Ereignisse.

$$P(A \cap B) = P(B) \cdot P_B(A) = \frac{10}{36} \cdot \frac{2}{10} = \frac{2}{36} = \frac{1}{18}$$

Die totale Wahrscheinlichkeit

Der **Multiplikationssatz** $P(A \cap B) = P(B) \cdot P_B(A)$ ist gleichbedeutend mit der Pfadregel für Baumdiagramme.

Entsprechend führt die Äquivalenz zur Summenregel zum **Satz von der totalen Wahrscheinlichkeit**:

Es gilt: $\boxed{P(A) = P(B) \cdot P_B(A) + P(\overline{B}) \cdot P_{\overline{B}}(A)}$

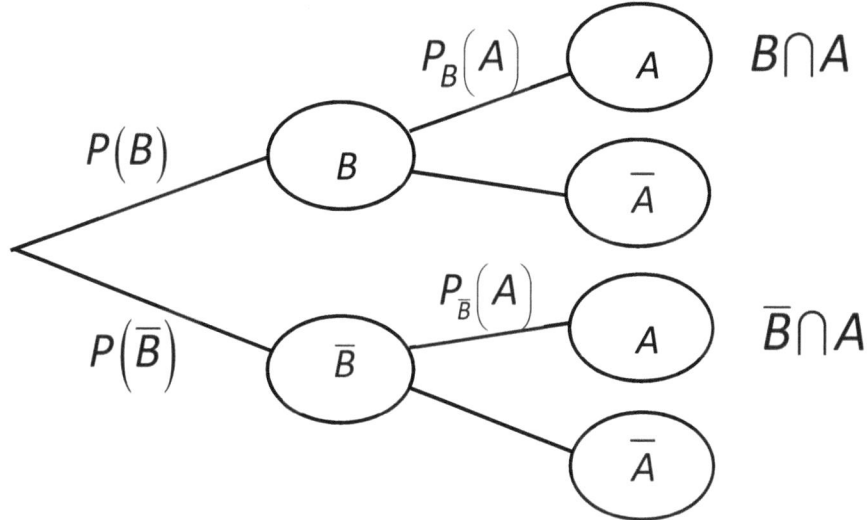

Dadurch wird die totale Wahrscheinlichkeit $P(A)$ des Ereignisses A auf die bedingten Wahrscheinlichkeiten $P_B(A)$ und $P_{\overline{B}}(A)$ des Ereignisses A zurückgeführt.

Beispiel: Aus zwei Beuteln wird einer beliebig ausgewählt und eine Kugel gezogen.

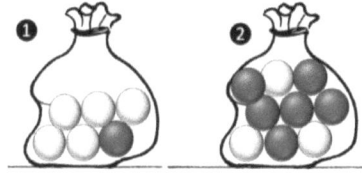

1) Mit welcher Wahrscheinlichkeit ist die Kugel weiß?
2) Mit welcher Wahrscheinlichkeit ist die Kugel schwarz?

Zu 1) $P(w) = \dfrac{1}{2} \cdot \dfrac{5}{6} + \dfrac{1}{2} \cdot \dfrac{3}{9} = \dfrac{5}{12} + \dfrac{2}{12} = \dfrac{7}{12} \cong 58{,}33\%$

Zu 2) $P(s) = \dfrac{1}{2} \cdot \dfrac{1}{6} + \dfrac{1}{2} \cdot \dfrac{6}{9} = \dfrac{1}{12} + \dfrac{4}{12} = \dfrac{5}{12} \cong 41{,}67\%$

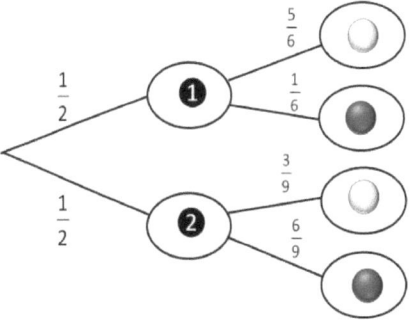

Der Satz von Bayes

Zwischen den bedingten Wahrscheinlichkeiten $P_B(A)$ und $P_A(B)$ besteht ein Zusammenhang. Es wird als Umkehrproblem für bedingte Wahrscheinlichkeiten bezeichnet.

Beispiel: Zwei Maschinen (M1 und M2) produzieren Schrauben. M1 produziert 40% der Produktion und dabei 5% Ausschuss, M2 produziert 60% der Produktion und dabei 8% Ausschuss.

Dem entspricht das folgende Baumdiagramm:

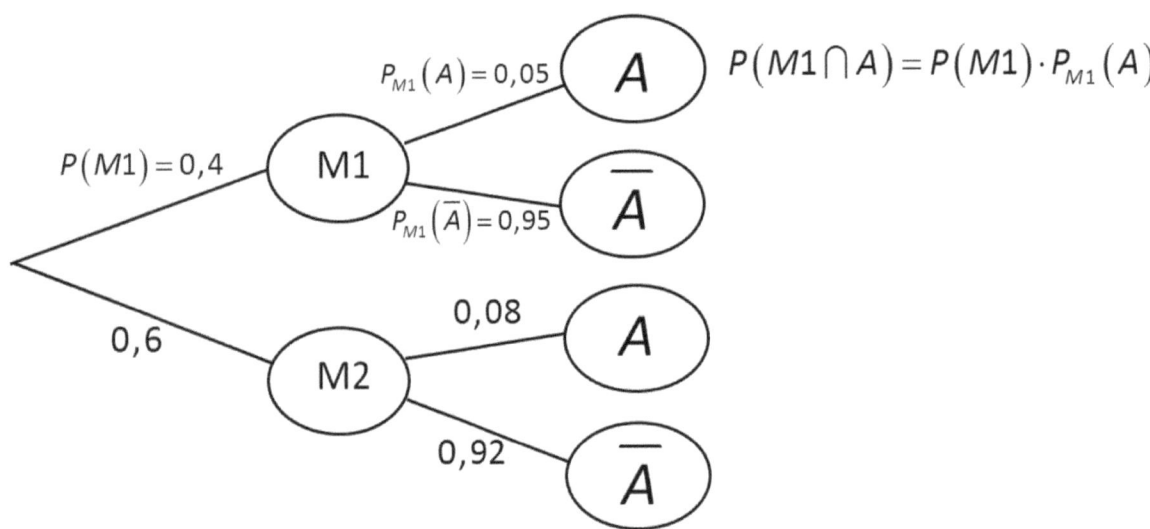

Es wird nun eine Schraube willkürlich entnommen. Wie hoch ist dabei die Wahrscheinlichkeit, dass sie von M1 oder von M2 produziert wurde?

Die Wahrscheinlichkeit für eine fehlerhafte Schraube ergibt sich zu:

$$P(A) = P(M1) \cdot P_{M1}(A) + P(M2) \cdot P_{M2}(A) = 0,4 \cdot 0,05 + 0,6 \cdot 0,08 = 0,068 \quad (6,8\%)$$

Wir können damit das **inverse Baumdiagramm** betrachten:

1. Schritt: Ausschuss oder nicht Ausschuss
2. Schritt: Maschine M1 oder M2

>>

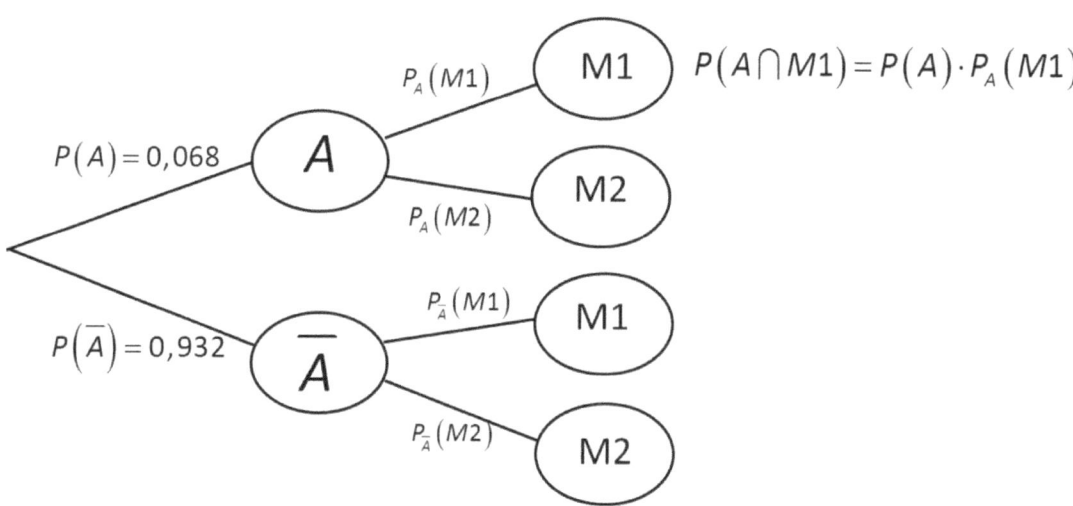

Anschaulich gilt: $P(A \cap M1) = P(M1 \cap A)$

In Worten: *Die Anzahl der fehlerhaften Schrauben von Maschine M1 ist gleich der Anzahl der Schrauben von Maschine M1 die fehlerhaft sind.*

$$P(A \cap M1) = P(M1 \cap A)$$

$$P(A) \cdot P_A(M1) = P(M1) \cdot P_{M1}(A)$$

$$0,068 \cdot P_A(M1) = 0,4 \cdot 0,05$$

Umstellen nach $P_A(M1)$: $P_A(M1) = \dfrac{0,4 \cdot 0,05}{0,068} \cong 0,294$ (29,4%)

Die gesuchte Wahrscheinlichkeit beträgt also 29,4%.

Verallgemeinerung: Für „M1" schreiben wir nun allgemein „B":

Daraus ergibt sich die sogenannte **Formel nach Bayes**:

$$\boxed{P_A(B) = \frac{P(B) \cdot P_B(A)}{P(A)}}$$

mit dem Satz der totalen Wahrscheinlichkeit →

$$\boxed{P_A(B) = \frac{P(B) \cdot P_B(A)}{P(B) \cdot P_B(A) + P(\overline{B}) \cdot P_{\overline{B}}(A)}}$$

Zufallsgrößen und Wahrscheinlichkeitsverteilung

Die Bewertung von Gewinnchancen bei einem Zufallsexperiment ist bei der Entscheidung Geld zu investieren von besonderer Bedeutung!

Wie lässt sich entscheiden ob sich ein Gewinnspiel für den Betreiber oder für den Spieler lohnt?

Betrachte ein Beispiel: Ein Würfel wird geworfen. Der Einsatz für den Spieler beträgt 1€. Bei einer „6" erhält der Spieler 4€ Gewinn. Bei einer „5" erhält man den Einsatz zurück, ansonsten hat man verloren.

Würdest du dieses Spiel spielen?

Analyse:

Stellt sich langfristig ein Gewinn oder ein Verlust für den Spieler heraus?

Untersuche die Möglichkeiten und bestimme die Summe der Einsätze und der Gewinnbeträge:

Mögliche Ergebnisse	Einsatz	Gewinn	Gesamt X
„1"	1 €	0 €	-1 €
„2"	1 €	0 €	-1 €
„3"	1 €	0 €	-1 €
„4"	1 €	0 €	-1 €
„5"	1 €	1 €	0 €
„6"	1 €	4 €	+3 €
	Summe: 1+1+1+1+1+1=**6€**	Summe: 4+1+0+0+0+0=**5€**	Summe: **-1€**

Allgemein werden die folgenden Begriffe verwendet:

Die möglichen Gesamtwerte X kann drei verschiedenen Werte annehmen (x_1=-1€, x_2=0€ oder x_3=+3€). Eine solche Größe wird als **Zufallsvariable** bezeichnet.

Die Möglichkeiten mit gleichem Gesamtwert werden zu einem **Ereignis** zusammengefasst. Er sind im Beispiel 6 Ergebnisse die zu 3 Ereignissen zusammengefasst werden:

Mögliche Ergebnisse	Gesamt X	Ereignisse $X = x_i$	$P(X = x_i)$
„1"	-1 €	x_1	$P(X=0)=\dfrac{4}{6}$
„2"	-1 €	x_1	
„3"	-1 €	x_1	
„4"	-1 €	x_1	
„5"	0 €	x_2	$P(X=1)=\dfrac{1}{6}$
„6"	+3 €	x_3	$P(X=4)=\dfrac{1}{6}$

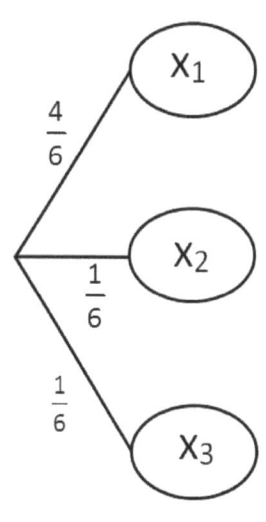

Graphische Darstellung:

Die Zuordnung der Wahrscheinlichkeit zu jedem möglichen x_i wird als **Wahrscheinlichkeitsverteilung** bezeichnet.

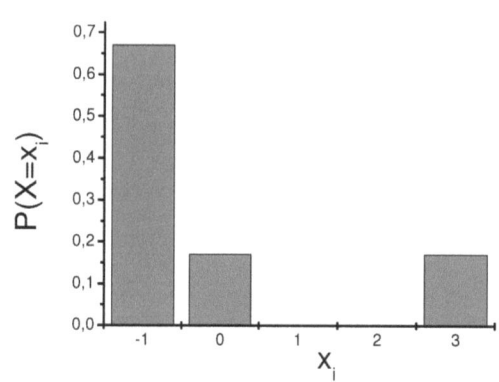

Der Erwartungswert

Durch Multiplikation der möglichen Werte von X mit der Häufigkeit ihres Auftretens erhält man die Gewinn/Verlusterwartung.

$$4 \cdot (-1€) + 1 \cdot (0€) + 1 \cdot (3€) = -1€$$

Wir erhalten eine Verlusterwartung von -1€ in 6 Spielen.

→ Also ist pro Spiel mit einem Verlust von $\dfrac{-1€}{6} \cong -0,17€$ zu rechnen.

(Dieses Spiel lohnt sich also nur für den Betreiber!)

Diese Größe wird als **Erwartungswert** der Zufallsgröße X bezeichnet:

Schreibweise: $E(X) \cong 0,17$ Allg. gilt: $\boxed{\mu = E(X) = \sum_{i=1}^{m} x_i \cdot P(X = x_i)}$

Standardabweichung und Varianz

Wir markieren nun den Erwartungswert in der Wahrscheinlichkeitsverteilung. Die Abweichung der Werte x_i vom Erwartungswert ist charakteristisch für das Streuungsverhalten der Zufallsgröße X.

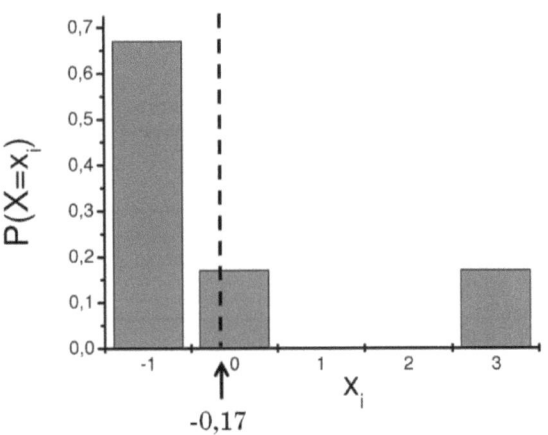

Man verwendet zur Charakterisierung die sog. **Varianz V(X)**. Dabei wird die quadratische Abweichung vom Erwartungswert $(x_i - \mu)^2$ mit der Wahrscheinlichkeit ihres Eintretens $P(X = x_i)$ multipliziert und für alle möglichen Ereignisse aufsummiert.

$$V(X) = \sum_{i=1}^{n} (x_i - \mu)^2 \cdot P(X = x_i) = (x_1 - \mu)^2 \cdot P(X = x_1) + \dots + (x_n - \mu)^2 \cdot P(X = x_n)$$

Die Wurzel aus der Varianz wird als **Standardabweichung** bezeichnet:

$$\sigma(X) = \sqrt{V(X)}$$

Im Beispiel:

Varianz:

$$V(X) = \sum_{i=1}^{n} (x_i - \mu)^2 \cdot P(X = x_i)$$

$$= ((-1) - (-0{,}17))^2 \cdot \frac{4}{6} + ((0) - (-0{,}17))^2 \cdot \frac{1}{6} + ((3) - (-0{,}17))^2 \cdot \frac{1}{6}$$

$$= \underline{\underline{2{,}1389}}$$

Standardabweichung:

$$\sigma(X) = \sqrt{V(X)} = \sqrt{2{,}1389} \cong \underline{\underline{1{,}4625}}$$

Die Formel von Bernoulli

Betrachte jetzt Zufallsversuche mit nur zwei möglichen Ausgängen. Es gilt hier immer: „Entweder-oder". Solche Zufallsversuche werden als **Bernoulli-Versuch** bezeichnet.

Beispiele 1) Münzwurf: Kopf oder Zahl
2) Würfel: „6" oder „keine 6"

Wird ein solcher Versuch mehrfach (n-mal) wiederholt ergibt sich eine **Bernoulli-Kette**.

Beispiel 1 für n=3

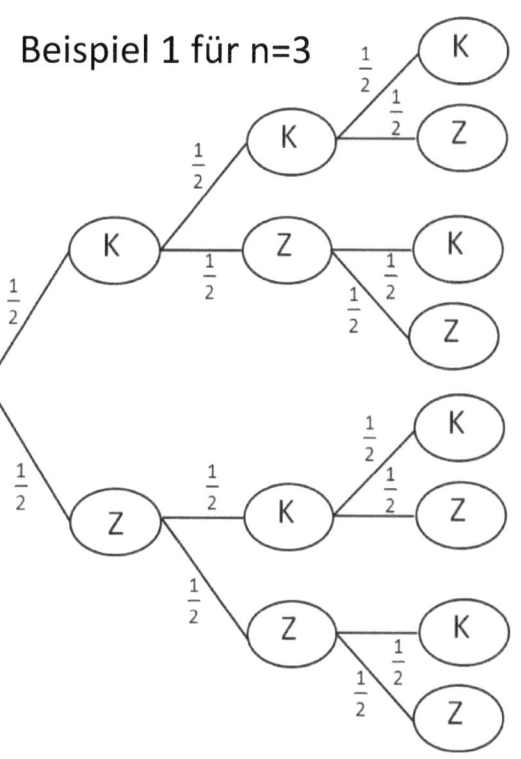

Beispiel 2 für n=4

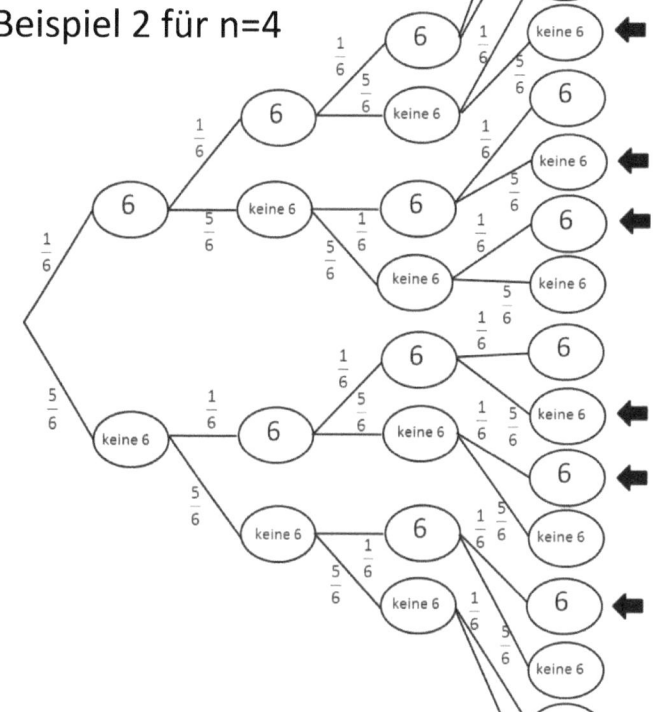

Zu Beispiel 2: Die Wahrscheinlichkeit für genau 2-mal „6" (X=2) bei n=4:

Eine Möglichkeit wäre: „6" → „6" → „keine 6" → „keine 6"

Wahrscheinlichkeit dafür: $P = \left(\frac{1}{6}\right) \cdot \left(\frac{1}{6}\right) \cdot \left(\frac{5}{6}\right) \cdot \left(\frac{5}{6}\right) = \left(\frac{1}{6}\right)^2 \cdot \left(\frac{5}{6}\right)^2$

Es gibt aber mehrere Möglichkeiten (*Anzahl der markierten Pfade*):
$(6|6|x|x); (6|x|6|x); (6|x|x|6); (x|6|6|x); (x|x|6|6); (x|6|x|6)$

Es sind $\binom{n}{k}$ Möglichkeiten mit *n=4* und *k=2*: $\binom{4}{2} = 6$

Dir gesuchte Gesamtwahrscheinlichkeit ergibt sich aus der Summe der Wahrscheinlichkeiten aller 6 Möglichkeiten:

$$P(X=2) = \binom{4}{2} \cdot \left(\frac{1}{6}\right)^2 \cdot \left(\frac{5}{6}\right)^2 \cong 0,116 \quad (\triangleq 11,6\%)$$

Allgemein berechnet sich das mit der Formel von Bernoulli:

$$P(X=k) = B(n;p;k) = \binom{n}{k} \cdot (p)^k \cdot (1-p)^{n-k}$$

→ Dies ist die Wahrscheinlichkeit bei einer Bernoulli-Kette der Länge n mit der Trefferwahrscheinlichkeit p genau k Treffer zu erreichen.

Aufgaben:

a) Berechne die Wahrscheinlichkeit dafür, dass eine Münze 10-mal geworfen wird und genau 3-mal Zahl erscheint.
b) Berechne die Wahrscheinlichkeit dafür, dass eine Münze 10-mal geworfen wird und genau 1-mal Zahl erscheint.
c) Berechne die Wahrscheinlichkeit dafür, dass eine Münze 100-mal geworfen wird und genau 40-mal Zahl erscheint.
d) Berechne die Wahrscheinlichkeit dafür, dass ein Würfel 100-mal geworfen wird und genau 20-mal eine „6" erscheint.
e) Berechne die Wahrscheinlichkeit dafür, dass ein Würfel 50-mal geworfen wird und genau 15-mal eine „1"oder „2" erscheint.

Lösungen:

a) $P(X=3) = \binom{10}{3} \cdot \left(\frac{1}{2}\right)^3 \cdot \left(\frac{1}{2}\right)^7 = 0,1171875 \quad (\triangleq 11,7\%)$

b) $P(X=1) = \binom{10}{1} \cdot \left(\frac{1}{2}\right)^1 \cdot \left(\frac{1}{2}\right)^9 \cong 0,0097656 \quad (\triangleq 0,98\%)$

c) $P(X=40) = \binom{100}{40} \cdot \left(\frac{1}{2}\right)^{40} \cdot \left(\frac{1}{2}\right)^{60} \cong 0,0108439 \quad (\triangleq 1,08\%)$

d) $P(X=20) = \binom{100}{20} \cdot \left(\frac{1}{6}\right)^{20} \cdot \left(\frac{5}{6}\right)^{80} \cong 0,067916 \quad (\triangleq 6,79\%)$

e) $P(X=15) = \binom{50}{15} \cdot \left(\frac{1}{3}\right)^{15} \cdot \left(\frac{2}{3}\right)^{35} \cong 0,107731 \quad (\triangleq 10,77\%)$

Die Binomialverteilung

Betrachte jetzt eine Bernoulli-Kette der Länge n. Die Trefferzahl sei X und p die Trefferwahrscheinlichkeit. Die Berechnung der Wahrscheinlichkeiten aller X-Werte führt zur Wahrscheinlichkeitsverteilung von X.

Diese **Wahrscheinlichkeitsverteilung** wird als **Binomialverteilung** von X mit den Parametern n und p bezeichnet.

Beispiel: Ein Würfel wird 5-mal geworfen. Gesucht wird die Binomialverteilung dafür, dass eine „6" geworfen wird. $\left(n=5 \;;\; p=\dfrac{1}{6}\right)$

→Berechnung der Wahrscheinlichkeiten: $P(X=k)=B\left(5;\tfrac{1}{6};k\right)$

$P(X=0)=B\left(5;\tfrac{1}{6};0\right)=\binom{5}{0}\cdot\left(\dfrac{1}{6}\right)^{0}\cdot\left(\dfrac{5}{6}\right)^{5}\cong 0,401877572$	$P(X=3)=B\left(5;\tfrac{1}{6};3\right)=\binom{5}{3}\cdot\left(\dfrac{1}{6}\right)^{0}\cdot\left(\dfrac{5}{6}\right)^{5}\cong 0,032150206$
$P(X=1)=B\left(5;\tfrac{1}{6};1\right)=\binom{5}{1}\cdot\left(\dfrac{1}{6}\right)^{1}\cdot\left(\dfrac{5}{6}\right)^{4}\cong 0,401877572$	$P(X=4)=B\left(5;\tfrac{1}{6};4\right)=\binom{5}{4}\cdot\left(\dfrac{1}{6}\right)^{4}\cdot\left(\dfrac{5}{6}\right)^{1}\cong 0,003215021$
$P(X=2)=B\left(5;\tfrac{1}{6};2\right)=\binom{5}{2}\cdot\left(\dfrac{1}{6}\right)^{2}\cdot\left(\dfrac{5}{6}\right)^{3}\cong 0,160751029$	$P(X=5)=B\left(5;\tfrac{1}{6};5\right)=\binom{5}{5}\cdot\left(\dfrac{1}{6}\right)^{5}\cdot\left(\dfrac{5}{6}\right)^{0}\cong 0,000128601$

Diese Ergebnisse werden nun in einem Diagramm dargestellt: $B\left(5;\tfrac{1}{6};k\right)$

Binomialverteilung für n=5, p=(1/6)

Für n=10, bzw. n=15 ergeben sich folgende Diagramme:

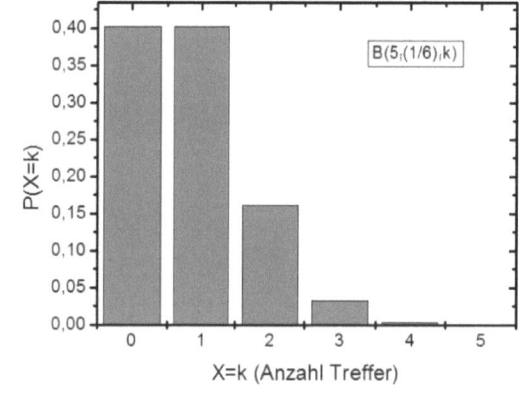

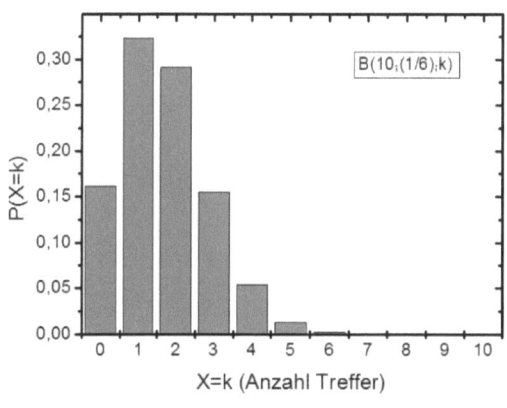

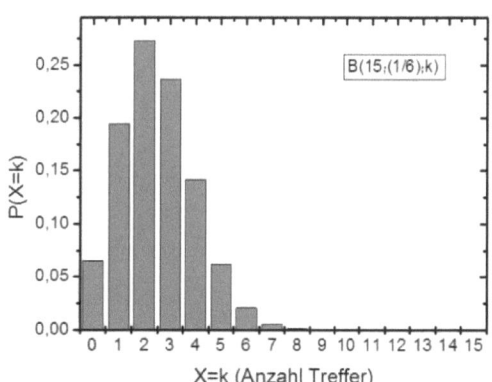

Systematische Untersuchung der Binomialverteilung:

❶ n fest (n=7)**, p wird variiert**

Betrachte die Verteilungen $B(7;p;k)$ [p=0,1 | 0,3 | 0,5 | 0,7 | 0,9]

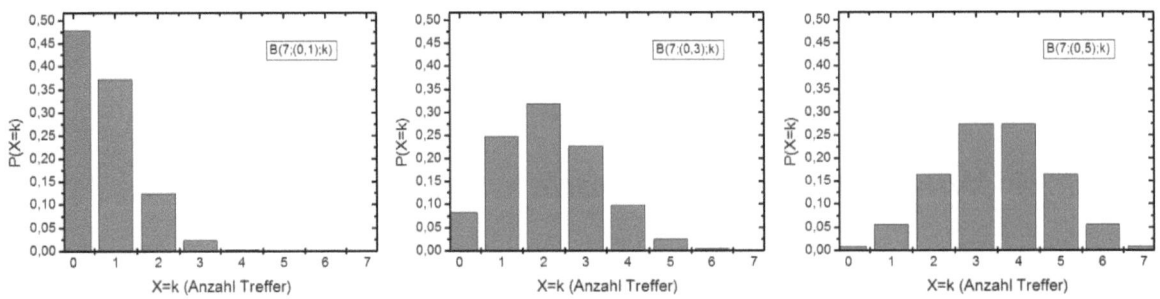

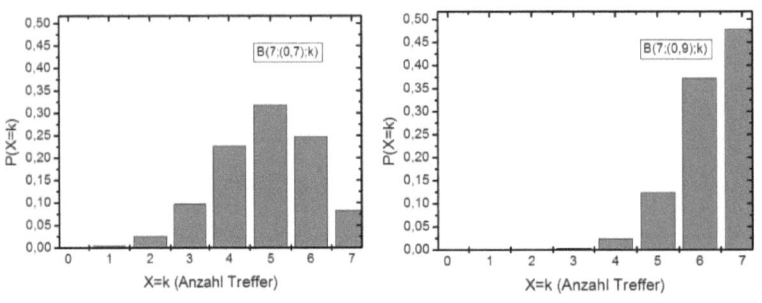

→ Je größer p, desto weiter liegt das Maximum rechts.

→ Für p = 0,5 ist die Verteilung symmetrisch $B(n;p;k)=B(n;p;n-k)$.

→ Es gilt die Symmetriebeziehung: $B(n;p;k)=B(n;1-p;n-k)$.

❷ p fest (p=0,35)**, n wird variiert**

Betrachte die Verteilungen $B(n;(0,35);k)$ [n=3 | 6 | 9 | 12]

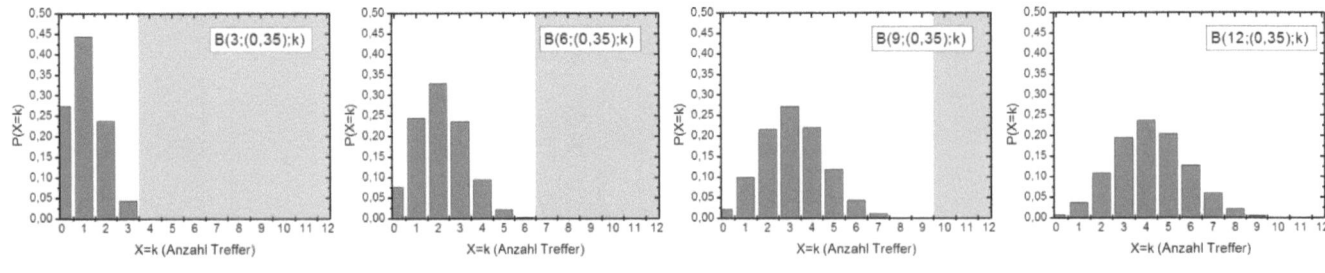

→ Je größer n, desto flacher ist die Verteilung.

→ Je größer n, desto symmetrischer ist die Verteilung.

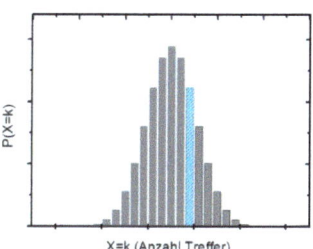
Systematische Anwendung der Binomialverteilung

Mit Hilfe von **Tabellen** lassen sich umfangreiche Berechnungen der Binomialverteilung umgehen. Im Anhang ist Tabelle 3 für einige Werte von n, k und p gegeben.
Die Handhabung geschieht wie folgt. Beispiel:

Gesucht ist der Wert von: $B(n;p;k) = B(7;(0,2);5) \cong 0,004301$

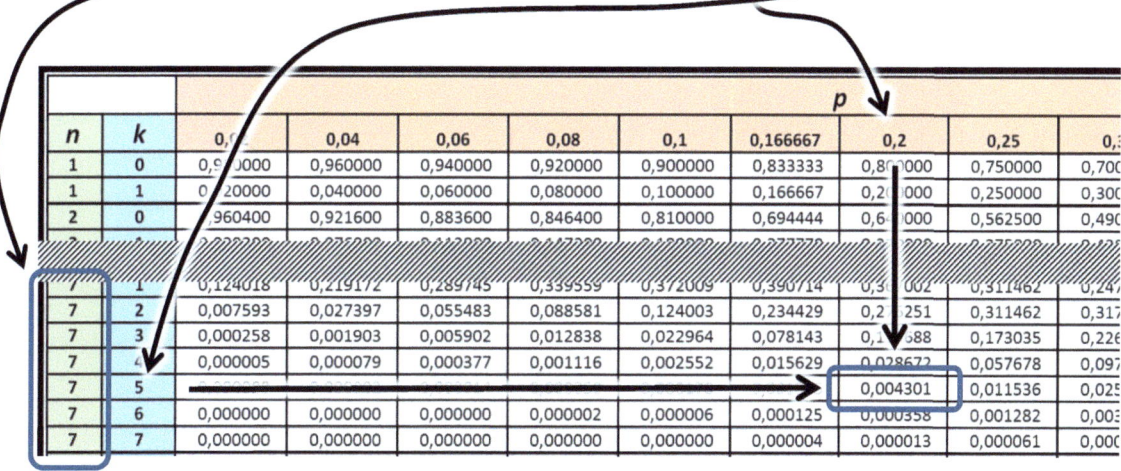

n	k	0,0	0,04	0,06	0,08	0,1	0,166667	0,2	0,25	0,:
1	0	0,9 0000	0,960000	0,940000	0,920000	0,900000	0,833333	0,8 0000	0,750000	0,700
1	1	0 20000	0,040000	0,060000	0,080000	0,100000	0,166667	0,2 0000	0,250000	0,300
2	0	,960400	0,921600	0,883600	0,846400	0,810000	0,694444	0,6 0000	0,562500	0,490
7	1	0,124018	0,219172	0,289745	0,339559	0,372009	0,390714	0,3 002	0,311462	0,24/
7	2	0,007593	0,027397	0,055483	0,088581	0,124003	0,234429	0,2 251	0,311462	0,317
7	3	0,000258	0,001903	0,005902	0,012838	0,022964	0,078143	0,1 688	0,173035	0,226
7	4	0,000005	0,000079	0,000377	0,001116	0,002552	0,015629	0,028672	0,057678	0,097
7	5							0,004301	0,011536	0,025
7	6	0,000000	0,000000	0,000000	0,000002	0,000006	0,000125	0,000358	0,001282	0,003
7	7	0,000000	0,000000	0,000000	0,000000	0,000000	0,000004	0,000013	0,000061	0,000

Die kumulierte Binomialverteilung

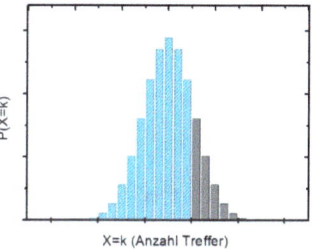

Oft ist nicht nur der Einzelwert $P(X=k)$ für eine bestimmte Trefferzahl gesucht. Es kommt vor, dass alle Wahrscheinlichkeiten für Trefferzahlen bis zu einem vorgesucht sind. Man spricht dann von der **kumulierten Binomialverteilung**.

Es gilt: $F(n;p;k) = B(n;p;0) + B(n;p;1) + ... + B(n;p;k) = \sum_{i=0}^{k} B(n;p;i)$

Hier kann ebenfalls mit Tabellen viel Rechenarbeit gespart werden. Die Handhabung erfolgt analog zur Verwendung der Tabelle der Binomialverteilung. Beispiel:

Gesucht ist: $F(n;p;k) = F(7;(0,2);5) = \sum_{i=0}^{5} B(7;(0,2);i) \cong 0,999629$

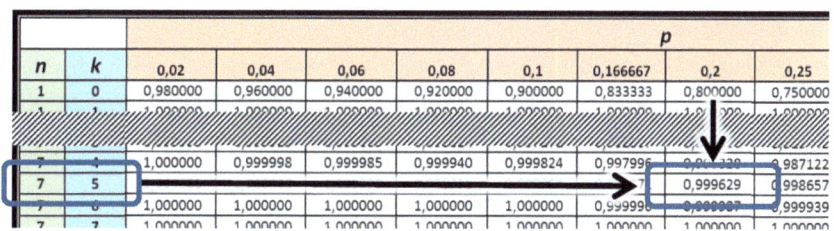

n	k	0,02	0,04	0,06	0,08	0,1	0,166667	0,2	0,25
1	0	0,980000	0,960000	0,940000	0,920000	0,900000	0,833333	0,800000	0,750000
7	4	1,000000	0,999998	0,999985	0,999940	0,999824	0,99799	0,9 39	0,987122
7	5							0,999629	0,998657
7	6	1,000000	1,000000	1,000000	1,000000	1,000000	0,999996	0,000007	0,999939
7	7	1,000000	1,000000	1,000000	1,000000	1,000000			

Der Erwartungswert bei Bernoulli-Ketten

Allgemein gilt für den Erwartungswert der Zufallsgröße X:

$$\mu = E(X) = \sum_{k=0}^{n} k \cdot P(X=k)$$

Für eine binomialverteilte Zufallsgröße gilt: $P(X=k) = \binom{n}{k} \cdot p^k \cdot (1-p)^{n-k}$

Unter dieser Voraussetzung gilt dann für eine Bernoulli-Kette der Länge n, mit der Trefferwahrscheinlichkeit p und der Trefferanzahl X:

$$\boxed{\mu = E(X) = n \cdot p} \quad (*)$$

Die Standardabweichung bei Bernoulli-Ketten

Allgemein gilt für die Standardabweichung einer Zufallsgröße X:

$$\sigma(X) = \sqrt{\sum_{k=0}^{n} (k-\mu)^2 \cdot P(X=k)}$$

Für eine binomialverteilte Zufallsgröße gilt: $P(X=k) = \binom{n}{k} \cdot p^k \cdot (1-p)^{n-k}$

Unter dieser Voraussetzung und mit $\mu = E(X) = n \cdot p$ gilt dann für eine Bernoulli-Kette der Länge n, der Trefferwahrscheinlichkeit p und der Trefferanzahl X:

$$\boxed{\sigma(X) = \sqrt{n \cdot p \cdot (1-p)}} \quad (**)$$

(Auf die Ausführliche Herleitung von (*) und (**) wird hier verzichtet.)

Die Normalverteilung

Die Binomialverteilung hat die Eigenschaften, dass für wachsendes n das Maximum (Erwartungswert) weiter nach rechts rückt $\left(\mu = n \cdot p\right)$. Weiterhin Wird die Verteilung breiter und flacher, d.h. die Standardabweichung wird größer $\left(\sigma = \sqrt{n \cdot p \cdot \left(1-p\right)}\right)$.

Für sehr große Werte von n nähert sich die Verteilung einer Glockenkurve an. Betrachte die Verteilungen für p=0,5:

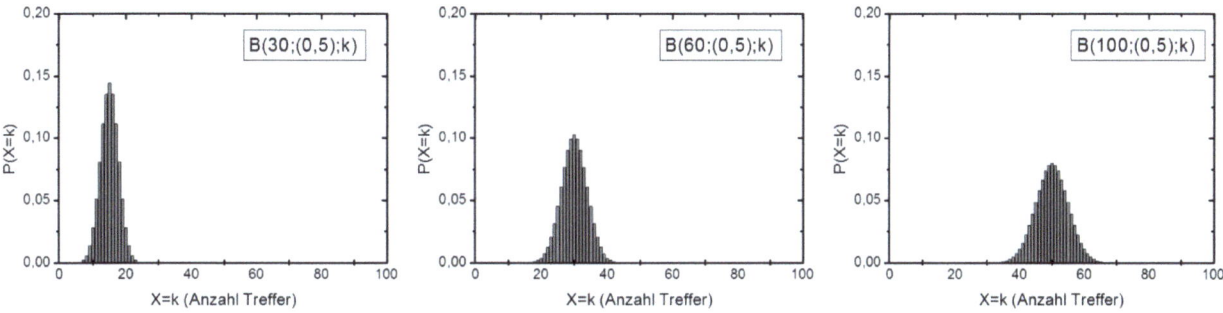

Es soll nun bewirkt werden, dass die Verteilung nicht mehr nach rechts „wandert". Das bedeutet, dass der Erwartungswert auf $\mu = E\left(X\right) = 0$ verschoben wird.

Weiterhin soll die Verteilung eine gleichbleibende Breite beibehalten, d.h. die Standardabweichung wird auf 1 normiert: $\sigma(X) \overset{!}{=} 1$. Dies wird erreicht durch den Übergang von der Zufallsgröße X zu $\boxed{Z = \dfrac{X-\mu}{\sigma}}$. Das führt zu den verschobenen Verteilungen:

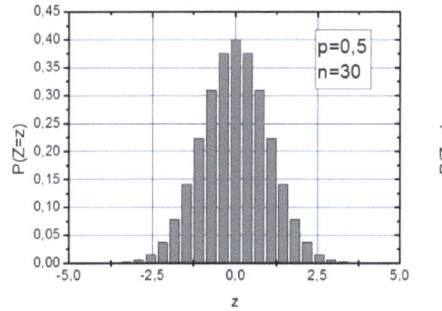
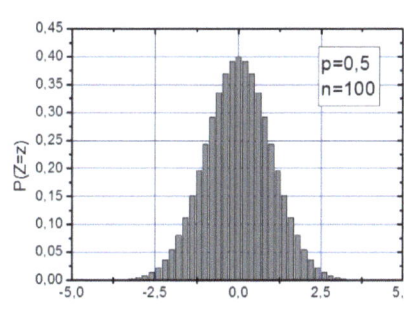
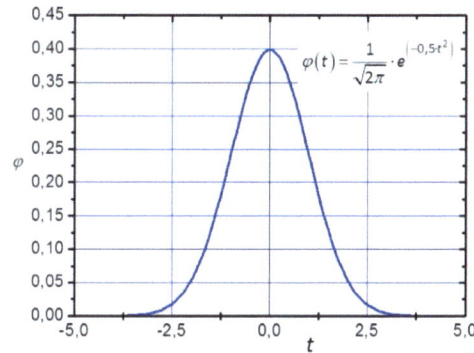

Die standardisierte Form der Binomialverteilung nähert sich für große n der Funktion $\varphi(t) = \dfrac{1}{\sqrt{2\pi}} \cdot e^{\left(-0,5 \cdot t^2\right)}$ (**Gauß'sche Glockenkurve**) mehr und mehr an.

Mit Hilfe der **Gauß'schen Glockenkurve** kann eine binomialverteilte Zufallsvariable mit hoher Genauigkeit angenähert werden, wenn die sog. **Laplace-Bedingung** erfüllt ist:

$$\boxed{\sigma = \sqrt{n \cdot p \cdot (1-p)} > 3}$$

Es gilt dann die Näherungsbedingung:

$$\boxed{P(X=k) = B(n;p;k) \cong \frac{1}{\sigma \cdot \sqrt{2\pi}} \cdot e^{\left(-0,5 \cdot z^2\right)} = \frac{1}{\sigma} \cdot \varphi(z)} \quad \text{mit} \quad z = \frac{k-\mu}{\sigma}$$

Allgemein gilt: Eine Zufallsgröße, deren Wahrscheinlichkeitsverteilung die Gauß'sche Glockenkurve ist, wird als **normalverteilte Zufallsgröße** bezeichnet. Bei binomialverteilten Zufallsgrößen (für großes n) trifft dies zu.

Beispiel:

Eine Münze wird 200 Mal geworfen. Wie hoch ist die Wahrscheinlichkeit dafür, dass die 100 Mal Zahl zeigt?

Gesucht ist der Wert $B(n;p;k) = B(200;(0,5);100)$

Es gilt: n=200; k=100;

$$\sigma = \sqrt{n \cdot p \cdot (1-p)} = \sqrt{200 \cdot 0,5 \cdot (1-0,5)} = \sqrt{50} \cong 7,071$$

$$\mu = n \cdot p = 200 \cdot 0,5 = 100$$

$$\rightarrow z = \frac{k-\mu}{\sigma} \cong \frac{100-100}{7,071} = 0$$

$$P(X=k) = B(200;0,5;100) \cong \frac{1}{\sigma} \cdot \varphi(0) = \underline{\underline{0,0564}} \qquad \left[\varphi(t) \rightarrow Tab.\ 5 \right]$$

Die gesuchte Wahrscheinlichkeit beträgt 5,64%.

Globale Näherungsformel von Laplace und de Moivre

Wir betrachten jetzt wieder die kumulierte Binomialverteilung. Hier war die Summe der einzelnen Werte

von $B(n;p;k)$ von k=0 bis zu einer vorgegebenen

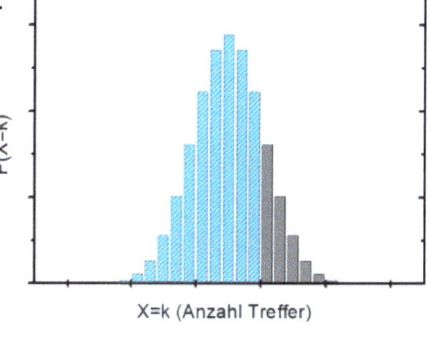

Grenze gesucht: $F(n;p;k)=\sum_{i=0}^{k}B(n;p;i)$

Anschaulich ist die Fläche einer Säule ein Maß

für den Wert von $B(n;p;k)$.

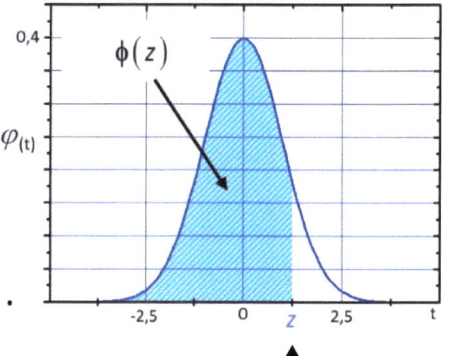

Wir nähern jetzt die gesuchte Fläche durch die
Gauß'sche Glockenkurve an. Dabei erstreckt sich

die Fläche über den Bereich von $-\infty$ bis $z=\dfrac{k-\mu+0,5}{\sigma}$.

$$z=\frac{k-\mu+0,5}{\sigma}$$

Der Flächeninhalt berechnet sich durch das Integral
von φ in den Grenzen $-\infty$ bis z:

Gauß'sche Integralfunktion:
$$\phi(z)=\frac{1}{\sqrt{2\pi}}\cdot\int_{-\infty}^{z}e^{-0,5\cdot t^2}dt$$

(Voraussetzung auch hier: Die Laplace-Bedingung $\sigma=\sqrt{n\cdot p\cdot(1-p)}>3$)

Es gilt die Näherung:
$$P(x\leq k)=F(n;p;k)\cong\phi(z)$$

Handhabung der Tabelle 6 im Anhang: *Zum z-Zeilenwert wird der jeweilige*
Spaltenwert hinzuaddiert. In der Tabelle ist dann der Wert der Gauß'schen
Integralfunktion abzulesen:
(Es gilt allg.: $\phi(z)=\phi(-z)$ → *Symmetrie zur y-Achse)*

Bsp.: Gesucht ist $\phi(0,23)$

Spalte → 0,2 + *Zeile* → 0,03 = 0,23
$\phi(0,23)\cong 0,59095$

z	0,00	0,01	0,02	0,03	0,
0,0	0,50000	0,50399	0,50798	0,5_97	0,515
0,1	0,53983	0,54380	0,54776	0,5_72	0,555
0,2				0,59095	0,594
0,3	0,61791	0,62172	0,62552	0,62930	0,633

Tabelle 1: Fakultäten

Unter der *Fakultät* einer Zahl versteht man das Produkt aller natürlichen Zahlen (ohne Null) kleiner und gleich dieser Zahl.

Beispiel: $5! = 1 \cdot 2 \cdot 3 \cdot 4 \cdot 5 = 120$

n	n!
1	1
2	2
3	6
4	24
5	120
6	720
7	5.040
8	40.320
9	362.880
10	3.628.800
11	39.916.800
12	479.001.600
13	6.227.020.800
14	87.178.291.200
15	1.307.674.368.000
16	20.922.789.888.000
17	355.687.428.096.000
18	6.402.373.705.728.000
19	121.645.100.408.832.000
20	2.432.902.008.176.640.000
21	51.090.942.171.709.400.000
22	1.124.000.727.777.610.000.000
23	25.852.016.738.885.000.000.000
24	620.448.401.733.239.000.000.000
25	15.511.210.043.331.000.000.000.000

Tabelle 2: Binomialkoeffizienten

Unter dem Binomialkoeffizienten $\binom{n}{r}$ versteht man, dass aus einer

Reihe von n verschiedenen Elementen r Elemente (ohne Zurücklegen) gezogen werden (ohne Beachtung der Reihenfolge).

Es gilt: $\boxed{\binom{n}{r} = \dfrac{n!}{r! \cdot (n-r)!}}$ Beispiel: $\binom{49}{6} = \dfrac{49!}{6! \cdot (49-6)!} = 13983816$

r	1	2	3	4	5	6	7	8	9	10
n										
1	1									
2	2	1								
3	3	3	1							
4	4	6	4	1						
5	5	10	10	5	1					
6	6	15	20	15	6	1				
7	7	21	35	35	21	7	1			
8	8	28	56	70	56	28	8	1		
9	9	36	84	126	126	84	36	9	1	
10	10	45	120	210	252	210	120	45	10	1
11	11	55	165	330	462	462	330	165	55	11
12	12	66	220	495	792	924	792	495	220	66
13	13	78	286	715	1.287	1.716	1.716	1.287	715	286
14	14	91	364	1.001	2.002	3.003	3.432	3.003	2.002	1.001
15	15	105	455	1.365	3.003	5.005	6.435	6.435	5.005	3.003
16	16	120	560	1.820	4.368	8.008	11.440	12.870	11.440	8.008
17	17	136	680	2.380	6.188	12.376	19.448	24.310	24.310	19.448
18	18	153	816	3.060	8.568	18.564	31.824	43.758	48.620	43.758
19	19	171	969	3.876	11.628	27.132	50.388	75.582	92.378	92.378
20	20	190	1.140	4.845	15.504	38.760	77.520	125.970	167.960	184.756
21	21	210	1.330	5.985	20.349	54.264	116.280	203.490	293.930	352.716
22	22	231	1.540	7.315	26.334	74.613	170.544	319.770	497.420	646.646
23	23	253	1.771	8.855	33.649	100.947	245.157	490.314	817.190	1.144.066
24	24	276	2.024	10.626	42.504	134.596	346.104	735.471	1.307.504	1.961.256
25	25	300	2.300	12.650	53.130	177.100	480.700	1.081.575	2.042.975	3.268.760

Tabelle 2: Binomialkoeffizienten $\binom{n}{r} = \dfrac{n!}{r! \cdot (n-r)!}$

r / n	1	2	3	4	5	6	7	8	9	10
26	26	325	2.600	14.950	65.780	230.230	657.800	1.562.275	3.124.550	5.311.735
27	27	351	2.925	17.550	80.730	296.010	888.030	2.220.075	4.686.825	8.436.285
28	28	378	3.276	20.475	98.280	376.740	1.184.040	3.108.105	6.906.900	13.123.110
29	29	406	3.654	23.751	118.755	475.020	1.560.780	4.292.145	10.015.005	20.030.010
30	30	435	4.060	27.405	142.506	593.775	2.035.800	5.852.925	14.307.150	30.045.015
31	31	465	4.495	31.465	169.911	736.281	2.629.575	7.888.725	20.160.075	44.352.165
32	32	496	4.960	35.960	201.376	906.192	3.365.856	10.518.300	28.048.800	64.512.240
33	33	528	5.456	40.920	237.336	1.107.568	4.272.048	13.884.156	38.567.100	92.561.040
34	34	561	5.984	46.376	278.256	1.344.904	5.379.616	18.156.204	52.451.256	131.128.140
35	35	595	6.545	52.360	324.632	1.623.160	6.724.520	23.535.820	70.607.460	183.579.396
36	36	630	7.140	58.905	376.992	1.947.792	8.347.680	30.260.340	94.143.280	254.186.856
37	37	666	7.770	66.045	435.897	2.324.784	10.295.472	38.608.020	124.403.620	348.330.136
38	38	703	8.436	73.815	501.942	2.760.681	12.620.256	48.903.492	163.011.640	472.733.756
39	39	741	9.139	82.251	575.757	3.262.623	15.380.937	61.523.748	211.915.132	635.745.396
40	40	780	9.880	91.390	658.008	3.838.380	18.643.560	76.904.685	273.438.880	847.660.528
41	41	820	10.660	101.270	749.398	4.496.388	22.481.940	95.548.245	350.343.565	1.121.099.408
42	42	861	11.480	111.930	850.668	5.245.786	26.978.328	118.030.185	445.891.810	1.471.442.973
43	43	903	12.341	123.410	962.598	6.096.454	32.224.114	145.008.513	563.921.995	1.917.334.783
44	44	946	13.244	135.751	1.086.008	7.059.052	38.320.568	177.232.627	708.930.508	2.481.256.778
45	45	990	14.190	148.995	1.221.759	8.145.060	45.379.620	215.553.195	886.163.135	3.190.187.286
46	46	1.035	15.180	163.185	1.370.754	9.366.819	53.524.680	260.932.815	1.101.716.330	4.076.350.421
47	47	1.081	16.215	178.365	1.533.939	10.737.573	62.891.499	314.457.495	1.362.649.145	5.178.066.751
48	48	1.128	17.296	194.580	1.712.304	12.271.512	73.629.072	377.348.994	1.677.106.640	6.540.715.896
49	49	1.176	18.424	211.876	1.906.884	13.983.816	85.900.584	450.978.066	2.054.455.634	8.217.822.536
50	50	1.225	19.600	230.300	2.118.760	15.890.700	99.884.400	536.878.650	2.505.433.700	10.272.278.170
51	51	1.275	20.825	249.900	2.349.060	18.009.460	115.775.100	636.763.050	3.042.312.350	12.777.711.870
52	52	1.326	22.100	270.725	2.598.960	20.358.520	133.784.560	752.538.150	3.679.075.400	15.820.024.220
53	53	1.378	23.426	292.825	2.869.685	22.957.480	154.143.080	886.322.710	4.431.613.550	19.499.099.620
54	54	1.431	24.804	316.251	3.162.510	25.827.165	177.100.560	1.040.465.790	5.317.936.260	23.930.713.170
55	55	1.485	26.235	341.055	3.478.761	28.989.675	202.927.725	1.217.566.350	6.358.402.050	29.248.649.430
56	56	1.540	27.720	367.290	3.819.816	32.468.436	231.917.400	1.420.494.075	7.575.968.400	35.607.051.480
57	57	1.596	29.260	395.010	4.187.106	36.288.252	264.385.836	1.652.411.475	8.996.462.475	43.183.019.880
58	58	1.653	30.856	424.270	4.582.116	40.475.358	300.674.088	1.916.797.311	10.648.873.950	52.179.482.355
59	59	1.711	32.509	455.126	5.006.386	45.057.474	341.149.446	2.217.471.399	12.565.671.261	62.828.356.305
60	60	1.770	34.220	487.635	5.461.512	50.063.860	386.206.920	2.558.620.845	14.783.142.660	75.394.027.566
61	61	1.830	35.990	521.855	5.949.147	55.525.372	436.270.780	2.944.827.765	17.341.763.505	90.177.170.226
62	62	1.891	37.820	557.845	6.471.002	61.474.519	491.796.152	3.381.098.545	20.286.591.270	107.518.933.731
63	63	1.953	39.711	595.665	7.028.847	67.945.521	553.270.671	3.872.894.697	23.667.689.815	127.805.525.001
64	64	2.016	41.664	635.376	7.624.512	74.974.368	621.216.192	4.426.165.368	27.540.584.512	151.473.214.816
65	65	2.080	43.680	677.040	8.259.888	82.598.880	696.190.560	5.047.381.560	31.966.749.880	179.013.799.328

Tabelle 2: Binomialkoeffizienten

$$\binom{n}{r} = \frac{n!}{r! \cdot (n-r)!}$$

r / n	1	2	3	4	5	6	7	8	9	10
66	66	2.145	45.760	720.720	8.936.928	90.858.768	778.789.440	5.743.572.120	37.014.131.440	210.980.549.208
67	67	2.211	47.905	766.480	9.657.648	99.795.696	869.648.208	6.522.361.560	42.757.703.560	247.994.680.648
68	68	2.278	50.116	814.385	10.424.128	109.453.344	969.443.904	7.392.009.768	49.280.065.120	290.752.384.208
69	69	2.346	52.394	864.501	11.238.513	119.877.472	1.078.897.248	8.361.453.672	56.672.074.888	340.032.449.328
70	70	2.415	54.740	916.895	12.103.014	131.115.985	1.198.774.720	9.440.350.920	65.033.528.560	396.704.524.216
71	71	2.485	57.155	971.635	13.019.909	143.218.999	1.329.890.705	10.639.125.640	74.473.879.480	461.738.052.776
72	72	2.556	59.640	1.028.790	13.991.544	156.238.908	1.473.109.704	11.969.016.345	85.113.005.120	536.211.932.256
73	73	2.628	62.196	1.088.430	15.020.334	170.230.452	1.629.348.612	13.442.126.049	97.082.021.465	621.324.937.376
74	74	2.701	64.824	1.150.626	16.108.764	185.250.786	1.799.579.064	15.071.474.661	110.524.147.514	718.406.958.841
75	75	2.775	67.525	1.215.450	17.259.390	201.359.550	1.984.829.850	16.871.053.725	125.595.622.175	828.931.106.355
76	76	2.850	70.300	1.282.975	18.474.840	218.618.940	2.186.189.400	18.855.883.575	142.466.675.900	954.526.728.530
77	77	2.926	73.150	1.353.275	19.757.815	237.093.780	2.404.808.340	21.042.072.975	161.322.559.475	1.096.993.404.430
78	78	3.003	76.076	1.426.425	21.111.090	256.851.595	2.641.902.120	23.446.881.315	182.364.632.450	1.258.315.963.905
79	79	3.081	79.079	1.502.501	22.537.515	277.962.685	2.898.753.715	26.088.783.435	205.811.513.765	1.440.680.596.355
80	80	3.160	82.160	1.581.580	24.040.016	300.500.200	3.176.716.400	28.987.537.150	231.900.297.200	1.646.492.110.120
81	81	3.240	85.320	1.663.740	25.621.596	324.540.216	3.477.216.600	32.164.253.550	260.887.834.350	1.878.392.407.320
82	82	3.321	88.560	1.749.060	27.285.336	350.161.812	3.801.756.816	35.641.470.150	293.052.087.900	2.139.280.241.670
83	83	3.403	91.881	1.837.620	29.034.396	377.447.148	4.151.918.628	39.443.226.966	328.693.558.050	2.432.332.329.570
84	84	3.486	95.284	1.929.501	30.872.016	406.481.544	4.529.365.776	43.595.145.594	368.136.785.016	2.761.025.887.620
85	85	3.570	98.770	2.024.785	32.801.517	437.353.560	4.935.847.320	48.124.511.370	411.731.930.610	3.129.162.672.636
86	86	3.655	102.340	2.123.555	34.826.302	470.155.077	5.373.200.880	53.060.358.690	459.856.441.980	3.540.894.603.246
87	87	3.741	105.995	2.225.895	36.949.857	504.981.379	5.843.355.957	58.433.559.570	512.916.800.670	4.000.751.045.226
88	88	3.828	109.736	2.331.890	39.175.752	541.931.236	6.348.337.336	64.276.915.527	571.350.360.240	4.513.667.845.896
89	89	3.916	113.564	2.441.626	41.507.642	581.106.988	6.890.268.572	70.625.252.863	635.627.275.767	5.085.018.206.136
90	90	4.005	117.480	2.555.190	43.949.268	622.614.630	7.471.375.560	77.515.521.435	706.252.528.630	5.720.645.481.903
91	91	4.095	121.485	2.672.670	46.504.458	666.563.898	8.093.990.190	84.986.896.995	783.768.050.065	6.426.898.010.533
92	92	4.186	125.580	2.794.155	49.177.128	713.068.356	8.760.554.088	93.080.887.185	868.754.947.060	7.210.666.060.598
93	93	4.278	129.766	2.919.735	51.971.283	762.245.484	9.473.622.444	101.841.441.273	961.835.834.245	8.079.421.007.658
94	94	4.371	134.044	3.049.501	54.891.018	814.216.767	10.235.867.928	111.315.063.717	1.063.677.275.518	9.041.256.841.903
95	95	4.465	138.415	3.183.545	57.940.519	869.107.785	11.050.084.695	121.550.931.645	1.174.992.339.235	10.104.934.117.421
96	96	4.560	142.880	3.321.960	61.124.064	927.048.304	11.919.192.480	132.601.016.340	1.296.543.270.880	11.279.926.456.656
97	97	4.656	147.440	3.464.840	64.446.024	988.172.368	12.846.240.784	144.520.208.820	1.429.144.287.220	12.576.469.727.536
98	98	4.753	152.096	3.612.280	67.910.864	1.052.618.392	13.834.413.152	157.366.449.604	1.573.664.496.040	14.005.614.014.756
99	99	4.851	156.849	3.764.376	71.523.144	1.120.529.256	14.887.031.544	171.200.862.756	1.731.030.945.644	15.579.278.510.796
100	100	4.950	161.700	3.921.225	75.287.520	1.192.052.400	16.007.560.800	186.087.894.300	1.902.231.808.400	17.310.309.456.440

Tabelle 3: Binomialverteilung

$$B(n;p;k) = \binom{n}{k} \cdot p^k \cdot (1-p)^{n-k}$$

n	k	0,02	0,04	0,06	0,08	0,1	0,166667	0,2	0,25	0,3	0,333333	0,4	0,5	k
1	0	0,980000	0,960000	0,940000	0,920000	0,900000	0,833333	0,800000	0,750000	0,700000	0,666667	0,600000	0,500000	1
1	1	0,020000	0,040000	0,060000	0,080000	0,100000	0,166667	0,200000	0,250000	0,300000	0,333333	0,400000	0,500000	0
2	0	0,960400	0,921600	0,883600	0,846400	0,810000	0,694444	0,640000	0,562500	0,490000	0,444444	0,360000	0,250000	2
2	1	0,039200	0,076800	0,112800	0,147200	0,180000	0,277778	0,320000	0,375000	0,420000	0,444444	0,480000	0,500000	1
2	2	0,000400	0,001600	0,003600	0,006400	0,010000	0,027778	0,040000	0,062500	0,090000	0,111111	0,160000	0,250000	0
3	0	0,941192	0,884736	0,830584	0,778688	0,729000	0,578704	0,512000	0,421875	0,343000	0,296296	0,216000	0,125000	3
3	1	0,057624	0,110592	0,159048	0,203136	0,243000	0,347222	0,384000	0,421875	0,441000	0,444444	0,432000	0,375000	2
3	2	0,001176	0,004608	0,010152	0,017664	0,027000	0,069444	0,096000	0,140625	0,189000	0,222222	0,288000	0,375000	1
3	3	0,000008	0,000064	0,000216	0,000512	0,001000	0,004630	0,008000	0,015625	0,027000	0,037037	0,064000	0,125000	0
4	0	0,922368	0,849347	0,780749	0,716393	0,656100	0,482253	0,409600	0,316406	0,240100	0,197531	0,129600	0,062500	4
4	1	0,075295	0,141558	0,199340	0,249180	0,291600	0,385802	0,409600	0,421875	0,411600	0,395062	0,345600	0,250000	3
4	2	0,002305	0,008847	0,019086	0,032502	0,048600	0,115741	0,153600	0,210938	0,264600	0,296296	0,345600	0,375000	2
4	3	0,000031	0,000246	0,000812	0,001884	0,003600	0,015432	0,025600	0,046875	0,075600	0,098765	0,153600	0,250000	1
4	4	0,000000	0,000003	0,000013	0,000041	0,000100	0,000772	0,001600	0,003906	0,008100	0,012346	0,025600	0,062500	0
5	0	0,903921	0,815373	0,733904	0,659082	0,590490	0,401878	0,327680	0,237305	0,168070	0,131687	0,077760	0,031250	5
5	1	0,092237	0,169869	0,234225	0,286557	0,328050	0,401878	0,409600	0,395508	0,360150	0,329218	0,259200	0,156250	4
5	2	0,003765	0,014156	0,029901	0,049836	0,072900	0,160751	0,204800	0,263672	0,308700	0,329218	0,345600	0,312500	3
5	3	0,000077	0,000590	0,001909	0,004334	0,008100	0,032150	0,051200	0,087891	0,132300	0,164609	0,230400	0,312500	2
5	4	0,000001	0,000012	0,000061	0,000188	0,000450	0,003215	0,006400	0,014648	0,028350	0,041152	0,076800	0,156250	1
5	5	0,000000	0,000000	0,000001	0,000003	0,000010	0,000129	0,000320	0,000977	0,002430	0,004115	0,010240	0,031250	0
6	0	0,885842	0,782758	0,689870	0,606355	0,531441	0,334898	0,262144	0,177979	0,117649	0,087791	0,046656	0,015625	6
6	1	0,108470	0,195689	0,264205	0,316359	0,354294	0,401878	0,393216	0,355957	0,302526	0,263374	0,186624	0,093750	5
6	2	0,005534	0,020384	0,042160	0,068774	0,098415	0,200939	0,245760	0,296631	0,324135	0,329218	0,311040	0,234375	4
6	3	0,000151	0,001132	0,003588	0,007974	0,014580	0,053584	0,081920	0,131836	0,185220	0,219479	0,276480	0,312500	3
6	4	0,000002	0,000035	0,000172	0,000520	0,001215	0,008038	0,015360	0,032959	0,059535	0,082305	0,138240	0,234375	2
6	5	0,000000	0,000001	0,000004	0,000018	0,000054	0,000643	0,001536	0,004395	0,010206	0,016461	0,036864	0,093750	1
6	6	0,000000	0,000000	0,000000	0,000000	0,000001	0,000021	0,000064	0,000244	0,000729	0,001372	0,004096	0,015625	0
7	0	0,868126	0,751447	0,648478	0,557847	0,478297	0,279082	0,209715	0,133484	0,082354	0,058528	0,027994	0,007813	7
7	1	0,124018	0,219172	0,289745	0,339559	0,372009	0,390714	0,367002	0,311462	0,247063	0,204847	0,130637	0,054688	6
7	2	0,007593	0,027397	0,055483	0,088581	0,124003	0,234429	0,275251	0,311462	0,317652	0,307270	0,261274	0,164063	5
7	3	0,000258	0,001903	0,005902	0,012838	0,022964	0,078143	0,114688	0,173035	0,226895	0,256059	0,290304	0,273438	4
7	4	0,000005	0,000079	0,000377	0,001116	0,002552	0,015629	0,028672	0,057678	0,097241	0,128029	0,193536	0,273438	3
7	5	0,000000	0,000002	0,000014	0,000058	0,000170	0,001875	0,004301	0,011536	0,025005	0,038409	0,077414	0,164063	2
7	6	0,000000	0,000000	0,000000	0,000002	0,000006	0,000125	0,000358	0,001282	0,003572	0,006401	0,017203	0,054688	1
7	7	0,000000	0,000000	0,000000	0,000000	0,000000	0,000004	0,000013	0,000061	0,000219	0,000457	0,001638	0,007813	0
8	0	0,850763	0,721390	0,609569	0,513219	0,430467	0,232568	0,167772	0,100113	0,057648	0,039018	0,016796	0,003906	8
8	1	0,138900	0,240463	0,311269	0,357022	0,382638	0,372109	0,335544	0,266968	0,197650	0,156074	0,089580	0,031250	7
8	2	0,009921	0,035068	0,069539	0,108659	0,148803	0,260476	0,293601	0,311462	0,296475	0,273129	0,209019	0,109375	6
8	3	0,000405	0,002922	0,008877	0,018897	0,033067	0,104190	0,146801	0,207642	0,254122	0,273129	0,278692	0,218750	5
8	4	0,000010	0,000152	0,000708	0,002054	0,004593	0,026048	0,045875	0,086517	0,136137	0,170706	0,232243	0,273438	4
8	5	0,000000	0,000005	0,000036	0,000143	0,000408	0,004168	0,009175	0,023071	0,046675	0,068282	0,123863	0,218750	3
8	6	0,000000	0,000000	0,000001	0,000006	0,000023	0,000417	0,001147	0,003845	0,010002	0,017071	0,041288	0,109375	2
8	7	0,000000	0,000000	0,000000	0,000000	0,000001	0,000024	0,000082	0,000366	0,001225	0,002439	0,007864	0,031250	1
8	8	0,000000	0,000000	0,000000	0,000000	0,000000	0,000001	0,000003	0,000015	0,000066	0,000152	0,000655	0,003906	0
9	0	0,833748	0,692534	0,572995	0,472161	0,387420	0,193807	0,134218	0,075085	0,040354	0,026012	0,010078	0,001953	9
9	1	0,153137	0,259700	0,329167	0,369518	0,387420	0,348852	0,301990	0,225254	0,155650	0,117055	0,060466	0,017578	8
9	2	0,012501	0,043283	0,084043	0,128528	0,172187	0,279082	0,301990	0,300339	0,266828	0,234111	0,161243	0,070313	7
9	3	0,000595	0,004208	0,012517	0,026078	0,044641	0,130238	0,176161	0,233597	0,266828	0,273129	0,250823	0,164063	6
9	4	0,000018	0,000263	0,001198	0,003401	0,007440	0,039071	0,066060	0,116798	0,171532	0,204847	0,250823	0,246094	5
9	5	0,000000	0,000011	0,000076	0,000296	0,000827	0,007814	0,016515	0,038933	0,073514	0,102423	0,167215	0,246094	4
9	6	0,000000	0,000000	0,000003	0,000017	0,000061	0,001042	0,002753	0,008652	0,021004	0,034141	0,074318	0,164063	3
9	7	0,000000	0,000000	0,000000	0,000001	0,000003	0,000089	0,000295	0,001236	0,003858	0,007316	0,021234	0,070313	2
9	8	0,000000	0,000000	0,000000	0,000000	0,000000	0,000004	0,000018	0,000103	0,000413	0,000914	0,003539	0,017578	1
9	9	0,000000	0,000000	0,000000	0,000000	0,000000	0,000000	0,000001	0,000004	0,000020	0,000051	0,000262	0,001953	0
10	0	0,817073	0,664833	0,538615	0,434388	0,348678	0,161506	0,107374	0,056314	0,028248	0,017342	0,006047	0,000977	10
10	1	0,166750	0,277014	0,343797	0,377729	0,387420	0,323011	0,268435	0,187712	0,121061	0,086708	0,040311	0,009766	9
10	2	0,015314	0,051940	0,098750	0,147807	0,193710	0,290710	0,301990	0,281568	0,233474	0,195092	0,120932	0,043945	8
10	3	0,000833	0,005771	0,016809	0,034274	0,057396	0,155045	0,201327	0,250282	0,266828	0,260123	0,214991	0,117188	7
10	4	0,000030	0,000421	0,001878	0,005216	0,011160	0,054260	0,088080	0,145998	0,200121	0,227608	0,250823	0,205078	6
10	5	0,000001	0,000021	0,000144	0,000544	0,001488	0,013024	0,026424	0,058399	0,102919	0,136565	0,200658	0,246094	5
10	6	0,000000	0,000001	0,000008	0,000039	0,000138	0,002171	0,005505	0,016222	0,036757	0,056902	0,111477	0,205078	4
10	7	0,000000	0,000000	0,000000	0,000002	0,000009	0,000248	0,000786	0,003090	0,009002	0,016258	0,042467	0,117188	3
10	8	0,000000	0,000000	0,000000	0,000000	0,000000	0,000019	0,000074	0,000386	0,001447	0,003048	0,010617	0,043945	2
10	9	0,000000	0,000000	0,000000	0,000000	0,000000	0,000001	0,000004	0,000029	0,000138	0,000339	0,001573	0,009766	1
10	10	0,000000	0,000000	0,000000	0,000000	0,000000	0,000000	0,000000	0,000001	0,000006	0,000017	0,000105	0,000977	0
15	0	0,738569	0,542086	0,395292	0,286297	0,205891	0,064905	0,035184	0,013363	0,004748	0,002284	0,000470	0,000031	15
15	1	0,226093	0,338804	0,378471	0,373431	0,343152	0,194716	0,131941	0,066817	0,030520	0,017127	0,004702	0,000458	14
15	2	0,032299	0,098818	0,169104	0,227306	0,266896	0,272603	0,230887	0,155907	0,091560	0,059946	0,021942	0,003204	13
15	3	0,002856	0,017842	0,046773	0,085652	0,128505	0,236256	0,250139	0,225199	0,170040	0,129883	0,063388	0,013885	12
15	4	0,000175	0,002230	0,008957	0,022344	0,042835	0,141754	0,187604	0,225199	0,218623	0,194825	0,126776	0,041656	11
15	5	0,000008	0,000204	0,001258	0,004274	0,010471	0,062372	0,103182	0,165146	0,206130	0,214307	0,185938	0,091644	10
15	6	0,000000	0,000014	0,000134	0,000619	0,001939	0,020791	0,042993	0,091748	0,147236	0,178589	0,206598	0,152740	9
15	7	0,000000	0,000001	0,000011	0,000069	0,000277	0,005346	0,013819	0,039320	0,081130	0,114807	0,177084	0,196381	8
15	8	0,000000	0,000000	0,000001	0,000006	0,000031	0,001069	0,003455	0,013107	0,034770	0,057404	0,118056	0,196381	7
15	9	0,000000	0,000000	0,000000	0,000000	0,000003	0,000166	0,000672	0,003398	0,011590	0,022324	0,061214	0,152740	6
15	10	0,000000	0,000000	0,000000	0,000000	0,000000	0,000020	0,000101	0,000680	0,002980	0,006697	0,024486	0,091644	5
15	11	0,000000	0,000000	0,000000	0,000000	0,000000	0,000002	0,000011	0,000103	0,000581	0,001522	0,007420	0,041656	4
15	12	0,000000	0,000000	0,000000	0,000000	0,000000	0,000000	0,000001	0,000011	0,000083	0,000254	0,001649	0,013885	3
15	13	0,000000	0,000000	0,000000	0,000000	0,000000	0,000000	0,000000	0,000001	0,000008	0,000029	0,000254	0,003204	2
15	14	0,000000	0,000000	0,000000	0,000000	0,000000	0,000000	0,000000	0,000000	0,000001	0,000002	0,000024	0,000458	1
15	15	0,000000	0,000000	0,000000	0,000000	0,000000	0,000000	0,000000	0,000000	0,000000	0,000000	0,000001	0,000031	0
		0,98	0,96	0,94	0,92	0,9	0,833333	0,8	0,75	0,7	0,666667	0,6	0,5	

p

Tabelle 4: kumulierte Binomialverteilung

$$F(n;p;k) = \sum_{i=0}^{k} B(n;p;i)$$

n	k	0,02	0,04	0,06	0,08	0,1	0,166667	0,2	0,25	0,3	0,333333	0,4	0,5	k
1	0	0,980000	0,960000	0,940000	0,920000	0,900000	0,833333	0,800000	0,750000	0,700000	0,666667	0,600000	0,500000	1
1	1	1,000000	1,000000	1,000000	1,000000	1,000000	1,000000	1,000000	1,000000	1,000000	1,000000	1,000000	1,000000	0
2	0	0,960400	0,921600	0,883600	0,846400	0,810000	0,694444	0,640000	0,562500	0,490000	0,444444	0,360000	0,250000	2
2	1	0,999600	0,998400	0,996400	0,993600	0,990000	0,972222	0,960000	0,937500	0,910000	0,888889	0,840000	0,750000	1
2	2	1,000000	1,000000	1,000000	1,000000	1,000000	1,000000	1,000000	1,000000	1,000000	1,000000	1,000000	1,000000	0
3	0	0,941192	0,884736	0,830584	0,778688	0,729000	0,578704	0,512000	0,421875	0,343000	0,296296	0,216000	0,125000	3
3	1	0,998816	0,995328	0,989632	0,981824	0,972000	0,925926	0,896000	0,843750	0,784000	0,740741	0,648000	0,500000	2
3	2	0,999992	0,999936	0,999784	0,999488	0,999000	0,995370	0,992000	0,984375	0,973000	0,962963	0,936000	0,875000	1
3	3	1,000000	1,000000	1,000000	1,000000	1,000000	1,000000	1,000000	1,000000	1,000000	1,000000	1,000000	1,000000	0
4	0	0,922368	0,849347	0,780749	0,716393	0,656100	0,482253	0,409600	0,316406	0,240100	0,197531	0,129600	0,062500	4
4	1	0,997664	0,990904	0,980089	0,965573	0,947700	0,868056	0,819200	0,738281	0,651700	0,592593	0,475200	0,312500	3
4	2	0,999968	0,999752	0,999175	0,998075	0,996300	0,983796	0,972800	0,949219	0,916300	0,888889	0,820800	0,687500	2
4	3	1,000000	0,999997	0,999987	0,999959	0,999900	0,999228	0,998400	0,996094	0,991900	0,987654	0,974400	0,937500	1
4	4	1,000000	1,000000	1,000000	1,000000	1,000000	1,000000	1,000000	1,000000	1,000000	1,000000	1,000000	1,000000	0
5	0	0,903921	0,815373	0,733904	0,659082	0,590490	0,401878	0,327680	0,237305	0,168070	0,131687	0,077760	0,031250	5
5	1	0,996158	0,985242	0,968129	0,945639	0,918540	0,803755	0,737280	0,632813	0,528220	0,460905	0,336960	0,187500	4
5	2	0,999922	0,999398	0,998030	0,995475	0,991440	0,964506	0,942080	0,896484	0,836920	0,790123	0,682560	0,500000	3
5	3	0,999999	0,999988	0,999938	0,999808	0,999540	0,996656	0,993280	0,984375	0,969220	0,954733	0,912960	0,812500	2
5	4	1,000000	1,000000	0,999999	0,999997	0,999990	0,999871	0,999680	0,999023	0,997570	0,995885	0,989760	0,968750	1
5	5	1,000000	1,000000	1,000000	1,000000	1,000000	1,000000	1,000000	1,000000	1,000000	1,000000	1,000000	1,000000	0
6	0	0,885842	0,782758	0,689870	0,606355	0,531441	0,334898	0,262144	0,177979	0,117649	0,087791	0,046656	0,015625	6
6	1	0,994313	0,978447	0,954075	0,922714	0,885735	0,736776	0,655360	0,533936	0,420175	0,351166	0,233280	0,109375	5
6	2	0,999847	0,998832	0,996236	0,991488	0,984150	0,937714	0,901120	0,830566	0,744310	0,680384	0,544320	0,343750	4
6	3	0,999998	0,999964	0,999824	0,999462	0,998730	0,991298	0,983040	0,962402	0,929530	0,899863	0,820800	0,656250	3
6	4	1,000000	0,999999	0,999996	0,999982	0,999945	0,999336	0,998400	0,995361	0,989065	0,982167	0,959040	0,890625	2
6	5	1,000000	1,000000	1,000000	1,000000	0,999999	0,999979	0,999936	0,999756	0,999271	0,998628	0,995904	0,984375	1
6	6	1,000000	1,000000	1,000000	1,000000	1,000000	1,000000	1,000000	1,000000	1,000000	1,000000	1,000000	1,000000	0
7	0	0,868126	0,751447	0,648478	0,557847	0,478297	0,279082	0,209715	0,133484	0,082354	0,058528	0,027994	0,007813	7
7	1	0,992143	0,970620	0,938223	0,897405	0,850306	0,669796	0,576717	0,444946	0,329417	0,263374	0,158630	0,062500	6
7	2	0,999736	0,998016	0,993706	0,985986	0,974309	0,904225	0,851968	0,756409	0,647070	0,570645	0,419904	0,226563	5
7	3	0,999995	0,999919	0,999609	0,998824	0,997272	0,982367	0,966656	0,929443	0,873964	0,826703	0,710208	0,500000	4
7	4	1,000000	0,999998	0,999985	0,999940	0,999824	0,997996	0,995328	0,987122	0,971205	0,954733	0,903744	0,773438	3
7	5	1,000000	1,000000	1,000000	0,999998	0,999994	0,999871	0,999629	0,998657	0,996209	0,993141	0,981158	0,937500	2
7	6	1,000000	1,000000	1,000000	1,000000	1,000000	0,999996	0,999987	0,999939	0,999781	0,999543	0,998362	0,992188	1
7	7	1,000000	1,000000	1,000000	1,000000	1,000000	1,000000	1,000000	1,000000	1,000000	1,000000	1,000000	1,000000	0
8	0	0,850763	0,721390	0,609569	0,513219	0,430467	0,232568	0,167772	0,100113	0,057648	0,039018	0,016796	0,003906	8
8	1	0,989663	0,961853	0,920838	0,870241	0,813055	0,604677	0,503316	0,367081	0,255298	0,195092	0,106376	0,035156	7
8	2	0,999585	0,996920	0,990377	0,978900	0,961908	0,865153	0,796918	0,678543	0,551774	0,468221	0,315395	0,144531	6
8	3	0,999989	0,999843	0,999254	0,997797	0,994976	0,969344	0,943718	0,886185	0,805896	0,741350	0,594086	0,363281	5
8	4	1,000000	0,999995	0,999963	0,999851	0,999568	0,995391	0,989594	0,972702	0,942032	0,912056	0,826330	0,636719	4
8	5	1,000000	1,000000	0,999999	0,999994	0,999977	0,999559	0,998769	0,995773	0,988708	0,980338	0,950193	0,855469	3
8	6	1,000000	1,000000	1,000000	1,000000	0,999999	0,999976	0,999916	0,999619	0,998710	0,997409	0,991480	0,964844	2
8	7	1,000000	1,000000	1,000000	1,000000	1,000000	0,999999	0,999997	0,999985	0,999934	0,999848	0,999345	0,996094	1
8	8	1,000000	1,000000	1,000000	1,000000	1,000000	1,000000	1,000000	1,000000	1,000000	1,000000	1,000000	1,000000	0
9	0	0,833748	0,692534	0,572995	0,472161	0,387420	0,193807	0,134218	0,075085	0,040354	0,026012	0,010078	0,001953	9
9	1	0,986885	0,952234	0,902162	0,841679	0,774841	0,542659	0,436028	0,300339	0,196003	0,143068	0,070544	0,019531	8
9	2	0,999386	0,995518	0,986205	0,970207	0,947028	0,821740	0,738198	0,600677	0,462831	0,377178	0,231787	0,089844	7
9	3	0,999981	0,999726	0,998722	0,996285	0,991669	0,951979	0,914358	0,834274	0,729659	0,650307	0,482610	0,253906	6
9	4	1,000000	0,999989	0,999920	0,999686	0,999109	0,991050	0,980419	0,951073	0,901191	0,855154	0,733432	0,500000	5
9	5	1,000000	1,000000	0,999997	0,999982	0,999935	0,998854	0,996934	0,990005	0,974705	0,957578	0,900647	0,746094	4
9	6	1,000000	1,000000	1,000000	0,999999	0,999997	0,999906	0,999686	0,998657	0,995709	0,991719	0,974965	0,910156	3
9	7	1,000000	1,000000	1,000000	1,000000	1,000000	0,999995	0,999981	0,999893	0,999567	0,999035	0,996199	0,980469	2
9	8	1,000000	1,000000	1,000000	1,000000	1,000000	1,000000	0,999999	0,999996	0,999980	0,999949	0,999738	0,998047	1
9	9	1,000000	1,000000	1,000000	1,000000	1,000000	1,000000	1,000000	1,000000	1,000000	1,000000	1,000000	1,000000	0
10	0	0,817073	0,664833	0,538615	0,434388	0,348678	0,161506	0,107374	0,056314	0,028248	0,017342	0,006047	0,000977	10
10	1	0,983822	0,941846	0,882412	0,812118	0,736099	0,484517	0,375810	0,244025	0,149308	0,104049	0,046357	0,010742	9
10	2	0,999136	0,993786	0,981162	0,959925	0,929809	0,775227	0,677800	0,525593	0,382783	0,299141	0,167290	0,054688	8
10	3	0,999969	0,999557	0,997971	0,994199	0,987205	0,930272	0,879126	0,775875	0,649611	0,559264	0,382281	0,171875	7
10	4	0,999999	0,999978	0,999848	0,999414	0,998365	0,967207	0,921878	0,849732	0,786872	0,633103	0,376953	6	
10	5	1,000000	0,999999	0,999992	0,999959	0,999853	0,997562	0,993631	0,980272	0,952651	0,923436	0,833761	0,623047	5
10	6	1,000000	1,000000	1,000000	0,999998	0,999991	0,999732	0,999136	0,996494	0,989408	0,980338	0,945238	0,828125	4
10	7	1,000000	1,000000	1,000000	1,000000	1,000000	0,999981	0,999922	0,999584	0,998410	0,996596	0,987705	0,945313	3
10	8	1,000000	1,000000	1,000000	1,000000	1,000000	0,999999	0,999996	0,999970	0,999856	0,999644	0,998322	0,989258	2
10	9	1,000000	1,000000	1,000000	1,000000	1,000000	1,000000	1,000000	0,999999	0,999994	0,999983	0,999895	0,999023	1
10	10	1,000000	1,000000	1,000000	1,000000	1,000000	1,000000	1,000000	1,000000	1,000000	1,000000	1,000000	1,000000	0
15	0	0,738569	0,542086	0,395292	0,286297	0,205891	0,064905	0,035184	0,013363	0,004748	0,002284	0,000470	0,000031	15
15	1	0,964662	0,880890	0,773763	0,659729	0,549043	0,259612	0,167126	0,080181	0,035268	0,019411	0,005172	0,000488	14
15	2	0,996961	0,979708	0,942867	0,887035	0,815939	0,532225	0,398023	0,236088	0,126828	0,079357	0,027114	0,003693	13
15	3	0,999817	0,997550	0,989640	0,972686	0,944444	0,768481	0,648162	0,461287	0,296868	0,209240	0,090502	0,017578	12
15	4	0,999992	0,999781	0,998597	0,995030	0,987280	0,910234	0,835766	0,686486	0,515491	0,404065	0,217278	0,059235	11
15	5	1,000000	0,999985	0,999854	0,999305	0,997750	0,972606	0,938949	0,851632	0,721621	0,618372	0,403216	0,150879	10
15	6	1,000000	0,999999	0,999988	0,999924	0,999689	0,993396	0,981941	0,943380	0,868657	0,796961	0,609813	0,303619	9
15	7	1,000000	1,000000	0,999999	0,999994	0,999966	0,998743	0,995760	0,982700	0,949987	0,911768	0,786897	0,500000	8
15	8	1,000000	1,000000	1,000000	1,000000	0,999997	0,999812	0,999215	0,995807	0,984757	0,969172	0,904953	0,696381	7
15	9	1,000000	1,000000	1,000000	1,000000	1,000000	0,999978	0,999887	0,999205	0,996347	0,991496	0,966167	0,849121	6
15	10	1,000000	1,000000	1,000000	1,000000	1,000000	0,999998	0,999988	0,999885	0,999238	0,998193	0,990652	0,940765	5
15	11	1,000000	1,000000	1,000000	1,000000	1,000000	1,000000	0,999999	0,999988	0,999908	0,999715	0,998072	0,982422	4
15	12	1,000000	1,000000	1,000000	1,000000	1,000000	1,000000	1,000000	0,999999	0,999991	0,999969	0,999721	0,996307	3
15	13	1,000000	1,000000	1,000000	1,000000	1,000000	1,000000	1,000000	1,000000	0,999999	0,999998	0,999975	0,999512	2
15	14	1,000000	1,000000	1,000000	1,000000	1,000000	1,000000	1,000000	1,000000	1,000000	1,000000	0,999999	0,999969	1
15	15	1,000000	1,000000	1,000000	1,000000	1,000000	1,000000	1,000000	1,000000	1,000000	1,000000	1,000000	1,000000	0
		0,98	0,96	0,94	0,92	0,9	0,833333	0,8	0,75	0,7	0,666667	0,6	0,5	

p

Tabelle 4: kumulierte Binomialverteilung

$$F(n;p;k)=\sum_{i=0}^{k} B(n;p;i)$$

n	k	0,02	0,04	0,06	0,08	0,1	0,166667	0,2	0,25	0,3	0,333333	0,4	0,5	k
							p							
20	0	0,667608	0,442002	0,290106	0,188693	0,121577	0,026084	0,011529	0,003171	0,000798	0,000301	0,000037	0,000001	20
20	1	0,940101	0,810338	0,660455	0,516856	0,391747	0,130420	0,069175	0,024313	0,007637	0,003308	0,000524	0,000020	19
20	2	0,992931	0,956137	0,885028	0,787946	0,676927	0,328659	0,206085	0,091260	0,035483	0,017593	0,003611	0,000201	18
20	3	0,999400	0,992587	0,971034	0,929385	0,867047	0,566546	0,411449	0,225156	0,107087	0,060446	0,015961	0,001288	17
20	4	0,999961	0,999042	0,994366	0,981656	0,956826	0,768749	0,629648	0,414842	0,237508	0,151511	0,050952	0,005909	16
20	5	0,999998	0,999902	0,999131	0,996201	0,988747	0,898160	0,804208	0,617173	0,416371	0,297214	0,125599	0,020695	15
20	6	1,000000	0,999992	0,999892	0,999362	0,997614	0,962865	0,913307	0,785782	0,608010	0,479343	0,250011	0,057659	14
20	7	1,000000	0,999999	0,999989	0,999912	0,999584	0,988747	0,967857	0,898188	0,772272	0,661471	0,415893	0,131588	13
20	8	1,000000	1,000000	0,999999	0,999990	0,999940	0,997158	0,990018	0,959075	0,886669	0,809451	0,595599	0,251722	12
20	9	1,000000	1,000000	1,000000	0,999999	0,999993	0,999401	0,997405	0,986136	0,952038	0,908104	0,755337	0,411901	11
20	10	1,000000	1,000000	1,000000	1,000000	0,999999	0,999895	0,999437	0,996058	0,982855	0,962363	0,872479	0,588099	10
20	11	1,000000	1,000000	1,000000	1,000000	1,000000	0,999985	0,999898	0,999065	0,994862	0,987027	0,943474	0,748278	9
20	12	1,000000	1,000000	1,000000	1,000000	1,000000	0,999998	0,999985	0,999816	0,998721	0,996275	0,978971	0,868412	8
20	13	1,000000	1,000000	1,000000	1,000000	1,000000	1,000000	0,999998	0,999970	0,999739	0,999121	0,993534	0,942341	7
20	14	1,000000	1,000000	1,000000	1,000000	1,000000	1,000000	1,000000	0,999996	0,999957	0,999833	0,998388	0,979305	6
20	15	1,000000	1,000000	1,000000	1,000000	1,000000	1,000000	1,000000	1,000000	0,999994	0,999975	0,999683	0,994091	5
20	16	1,000000	1,000000	1,000000	1,000000	1,000000	1,000000	1,000000	1,000000	0,999999	0,999997	0,999953	0,998712	4
20	17	1,000000	1,000000	1,000000	1,000000	1,000000	1,000000	1,000000	1,000000	1,000000	1,000000	0,999995	0,999799	3
20	18	1,000000	1,000000	1,000000	1,000000	1,000000	1,000000	1,000000	1,000000	1,000000	1,000000	1,000000	0,999980	2
20	19	1,000000	1,000000	1,000000	1,000000	1,000000	1,000000	1,000000	1,000000	1,000000	1,000000	1,000000	0,999999	1
20	20	1,000000	1,000000	1,000000	1,000000	1,000000	1,000000	1,000000	1,000000	1,000000	1,000000	1,000000	1,000000	0
50	0	0,364170	0,129886	0,045331	0,015466	0,005154	0,000110	0,000014	0,000001	0,000000	0,000000	0,000000	0,000000	50
50	1	0,735771	0,400481	0,190003	0,082712	0,033786	0,001209	0,000193	0,000010	0,000000	0,000000	0,000000	0,000000	49
50	2	0,921572	0,676714	0,416246	0,225974	0,111729	0,006593	0,001285	0,000087	0,000004	0,000001	0,000000	0,000000	48
50	3	0,982242	0,860869	0,647303	0,425296	0,250294	0,023823	0,005656	0,000498	0,000032	0,000004	0,000000	0,000000	47
50	4	0,996790	0,951029	0,820596	0,628950	0,431198	0,064313	0,018496	0,002108	0,000172	0,000027	0,000000	0,000000	46
50	5	0,999522	0,985590	0,922359	0,791874	0,616123	0,138816	0,048027	0,007046	0,000723	0,000131	0,000003	0,000000	45
50	6	0,999940	0,996390	0,971076	0,898128	0,770227	0,250569	0,103398	0,019391	0,002494	0,000520	0,000014	0,000000	44
50	7	0,999994	0,999219	0,990622	0,956205	0,877855	0,391059	0,190410	0,045256	0,007264	0,001744	0,000061	0,000000	43
50	8	0,999999	0,999852	0,997328	0,983350	0,942133	0,542086	0,307332	0,091597	0,018253	0,005033	0,000231	0,000001	42
50	9	1,000000	0,999975	0,999325	0,994365	0,975462	0,683004	0,443740	0,163684	0,040232	0,012708	0,000757	0,000003	41
50	10	1,000000	0,999996	0,999848	0,998292	0,990645	0,798630	0,583559	0,262202	0,078851	0,028440	0,002197	0,000012	40
50	11	1,000000	1,000000	0,999969	0,999534	0,996780	0,882692	0,710668	0,381619	0,139036	0,057045	0,005688	0,000045	39
50	12	1,000000	1,000000	0,999994	0,999885	0,998995	0,937333	0,813943	0,510986	0,222866	0,103528	0,013251	0,000153	38
50	13	1,000000	1,000000	0,999999	0,999974	0,999715	0,969276	0,889413	0,637037	0,327883	0,171465	0,027988	0,000468	37
50	14	1,000000	1,000000	1,000000	0,999995	0,999926	0,986161	0,939278	0,748081	0,446832	0,261239	0,053955	0,001301	36
50	15	1,000000	1,000000	1,000000	0,999999	0,999983	0,994266	0,969197	0,836917	0,569178	0,368967	0,095502	0,003300	35
50	16	1,000000	1,000000	1,000000	1,000000	0,999996	0,997811	0,985558	0,901693	0,683879	0,486795	0,156091	0,007673	34
50	17	1,000000	1,000000	1,000000	1,000000	0,999999	0,999232	0,993739	0,944877	0,782193	0,604623	0,236876	0,016421	33
50	18	1,000000	1,000000	1,000000	1,000000	1,000000	0,999750	0,997489	0,971267	0,859440	0,712631	0,335613	0,032454	32
50	19	1,000000	1,000000	1,000000	1,000000	1,000000	0,999925	0,999068	0,986082	0,915197	0,803586	0,446476	0,059460	31
50	20	1,000000	1,000000	1,000000	1,000000	1,000000	0,999979	0,999679	0,993737	0,952236	0,874076	0,561035	0,101319	30
50	21	1,000000	1,000000	1,000000	1,000000	1,000000	0,999995	0,999898	0,997382	0,974913	0,924426	0,670138	0,161118	29
50	22	1,000000	1,000000	1,000000	1,000000	1,000000	0,999999	0,999970	0,998984	0,987724	0,957611	0,766017	0,239944	28
50	23	1,000000	1,000000	1,000000	1,000000	1,000000	1,000000	0,999992	0,999634	0,994408	0,977811	0,843832	0,335906	27
50	24	1,000000	1,000000	1,000000	1,000000	1,000000	1,000000	0,999998	0,999877	0,997630	0,989173	0,902193	0,443862	26
50	25	1,000000	1,000000	1,000000	1,000000	1,000000	1,000000	1,000000	0,999962	0,999067	0,995082	0,942656	0,556138	25
50	26	1,000000	1,000000	1,000000	1,000000	1,000000	1,000000	1,000000	0,999989	0,999659	0,997922	0,968594	0,664094	24
50	27	1,000000	1,000000	1,000000	1,000000	1,000000	1,000000	1,000000	0,999997	0,999884	0,999185	0,983965	0,760056	23
50	28	1,000000	1,000000	1,000000	1,000000	1,000000	1,000000	1,000000	0,999999	0,999964	0,999703	0,992383	0,838882	22
50	29	1,000000	1,000000	1,000000	1,000000	1,000000	1,000000	1,000000	1,000000	0,999989	0,999900	0,996640	0,898681	21
50	30	1,000000	1,000000	1,000000	1,000000	1,000000	1,000000	1,000000	1,000000	0,999997	0,999969	0,998626	0,940540	20
50	31	1,000000	1,000000	1,000000	1,000000	1,000000	1,000000	1,000000	1,000000	0,999999	0,999991	0,999481	0,967546	19
50	32	1,000000	1,000000	1,000000	1,000000	1,000000	1,000000	1,000000	1,000000	1,000000	0,999998	0,999819	0,983580	18
50	33	1,000000	1,000000	1,000000	1,000000	1,000000	1,000000	1,000000	1,000000	1,000000	0,999999	0,999942	0,992327	17
50	34	1,000000	1,000000	1,000000	1,000000	1,000000	1,000000	1,000000	1,000000	1,000000	1,000000	0,999983	0,996700	16
50	35	1,000000	1,000000	1,000000	1,000000	1,000000	1,000000	1,000000	1,000000	1,000000	1,000000	0,999995	0,998699	15
50	36	1,000000	1,000000	1,000000	1,000000	1,000000	1,000000	1,000000	1,000000	1,000000	1,000000	0,999999	0,999532	14
50	37	1,000000	1,000000	1,000000	1,000000	1,000000	1,000000	1,000000	1,000000	1,000000	1,000000	1,000000	0,999847	13
50	38	1,000000	1,000000	1,000000	1,000000	1,000000	1,000000	1,000000	1,000000	1,000000	1,000000	1,000000	0,999955	12
50	39	1,000000	1,000000	1,000000	1,000000	1,000000	1,000000	1,000000	1,000000	1,000000	1,000000	1,000000	0,999988	11
50	40	1,000000	1,000000	1,000000	1,000000	1,000000	1,000000	1,000000	1,000000	1,000000	1,000000	1,000000	0,999997	10
50	41	1,000000	1,000000	1,000000	1,000000	1,000000	1,000000	1,000000	1,000000	1,000000	1,000000	1,000000	0,999999	9
50	42	1,000000	1,000000	1,000000	1,000000	1,000000	1,000000	1,000000	1,000000	1,000000	1,000000	1,000000	1,000000	8
50	43	1,000000	1,000000	1,000000	1,000000	1,000000	1,000000	1,000000	1,000000	1,000000	1,000000	1,000000	1,000000	7
50	44	1,000000	1,000000	1,000000	1,000000	1,000000	1,000000	1,000000	1,000000	1,000000	1,000000	1,000000	1,000000	6
50	45	1,000000	1,000000	1,000000	1,000000	1,000000	1,000000	1,000000	1,000000	1,000000	1,000000	1,000000	1,000000	5
50	46	1,000000	1,000000	1,000000	1,000000	1,000000	1,000000	1,000000	1,000000	1,000000	1,000000	1,000000	1,000000	4
50	47	1,000000	1,000000	1,000000	1,000000	1,000000	1,000000	1,000000	1,000000	1,000000	1,000000	1,000000	1,000000	3
50	48	1,000000	1,000000	1,000000	1,000000	1,000000	1,000000	1,000000	1,000000	1,000000	1,000000	1,000000	1,000000	2
50	49	1,000000	1,000000	1,000000	1,000000	1,000000	1,000000	1,000000	1,000000	1,000000	1,000000	1,000000	1,000000	1
50	50	1,000000	1,000000	1,000000	1,000000	1,000000	1,000000	1,000000	1,000000	1,000000	1,000000	1,000000	1,000000	0
		0,98	0,96	0,94	0,92	0,9	0,833333	0,8	0,75	0,7	0,666667	0,6	0,5	
							p							

Tabelle 4: kumulierte Binomialverteilung

$$F(n;p;k) = \sum_{i=0}^{k} B(n;p;i)$$

n	k	0,02	0,04	0,06	0,08	0,1	0,166667	0,2	0,25	0,3	0,333333	0,4	0,5	k
100	0	0,132620	0,016870	0,002055	0,000239	0,000027	0,000000	0,000000	0,000000	0,000000	0,000000	0,000000	0,000000	100
100	1	0,403272	0,087163	0,015171	0,002319	0,000322	0,000000	0,000000	0,000000	0,000000	0,000000	0,000000	0,000000	99
100	2	0,676686	0,232143	0,056613	0,011273	0,001945	0,000003	0,000000	0,000000	0,000000	0,000000	0,000000	0,000000	98
100	3	0,858962	0,429476	0,143023	0,036706	0,007836	0,000018	0,000001	0,000000	0,000000	0,000000	0,000000	0,000000	97
100	4	0,949170	0,628864	0,276775	0,090337	0,023711	0,000094	0,000004	0,000000	0,000000	0,000000	0,000000	0,000000	96
100	5	0,984516	0,788375	0,440693	0,179876	0,057577	0,000385	0,000019	0,000000	0,000000	0,000000	0,000000	0,000000	95
100	6	0,995938	0,893608	0,606354	0,303156	0,117156	0,001306	0,000078	0,000001	0,000000	0,000000	0,000000	0,000000	94
100	7	0,999068	0,952488	0,748349	0,447110	0,206051	0,003780	0,000277	0,000003	0,000000	0,000000	0,000000	0,000000	93
100	8	0,999811	0,981008	0,853713	0,592628	0,320874	0,009532	0,000855	0,000012	0,000000	0,000000	0,000000	0,000000	92
100	9	0,999966	0,993156	0,922461	0,721978	0,451290	0,021292	0,002334	0,000043	0,000000	0,000000	0,000000	0,000000	91
100	10	0,999994	0,997761	0,962393	0,824333	0,583156	0,042696	0,005696	0,000137	0,000002	0,000000	0,000000	0,000000	90
100	11	0,999999	0,999332	0,983248	0,897155	0,703033	0,077719	0,012575	0,000394	0,000006	0,000000	0,000000	0,000000	89
100	12	1,000000	0,999817	0,993120	0,944120	0,801821	0,129671	0,025329	0,001027	0,000019	0,000001	0,000000	0,000000	88
100	13	1,000000	0,999954	0,997386	0,971764	0,876123	0,200065	0,046912	0,002458	0,000057	0,000003	0,000000	0,000000	87
100	14	1,000000	0,999989	0,999078	0,986703	0,927427	0,287421	0,080444	0,005421	0,000157	0,000010	0,000000	0,000000	86
100	15	1,000000	0,999998	0,999697	0,994150	0,960109	0,387658	0,128506	0,011083	0,000405	0,000029	0,000000	0,000000	85
100	16	1,000000	1,000000	0,999907	0,997591	0,979401	0,494159	0,192338	0,021111	0,000969	0,000079	0,000000	0,000000	84
100	17	1,000000	1,000000	0,999973	0,999069	0,989993	0,599407	0,271189	0,037626	0,002163	0,000204	0,000001	0,000000	83
100	18	1,000000	1,000000	0,999992	0,999662	0,995419	0,696470	0,362087	0,063011	0,004523	0,000492	0,000002	0,000000	82
100	19	1,000000	1,000000	0,999998	0,999884	0,998021	0,780250	0,460161	0,099530	0,008887	0,001113	0,000006	0,000000	81
100	20	1,000000	1,000000	1,000000	0,999963	0,999192	0,848112	0,559462	0,148831	0,016463	0,002370	0,000016	0,000000	80
100	21	1,000000	1,000000	1,000000	0,999989	0,999688	0,899817	0,654033	0,211435	0,028831	0,004765	0,000043	0,000000	79
100	22	1,000000	1,000000	1,000000	0,999997	0,999888	0,936950	0,738933	0,286370	0,047866	0,009064	0,000107	0,000000	78
100	23	1,000000	1,000000	1,000000	0,999999	0,999960	0,962136	0,810913	0,371079	0,075531	0,016355	0,000252	0,000000	77
100	24	1,000000	1,000000	1,000000	1,000000	0,999987	0,978297	0,868647	0,461671	0,113570	0,028051	0,000562	0,000000	76
100	25	1,000000	1,000000	1,000000	1,000000	0,999996	0,988123	0,912525	0,553471	0,163130	0,045828	0,001189	0,000000	75
100	26	1,000000	1,000000	1,000000	1,000000	0,999999	0,993791	0,944167	0,641740	0,224399	0,071469	0,002396	0,000001	74
100	27	1,000000	1,000000	1,000000	1,000000	1,000000	0,996899	0,965848	0,722381	0,296366	0,106606	0,004600	0,000002	73
100	28	1,000000	1,000000	1,000000	1,000000	1,000000	0,998519	0,979980	0,792461	0,376778	0,152410	0,008433	0,000006	72
100	29	1,000000	1,000000	1,000000	1,000000	1,000000	0,999323	0,988751	0,850459	0,462340	0,209270	0,014775	0,000016	71
100	30	1,000000	1,000000	1,000000	1,000000	1,000000	0,999704	0,993941	0,896213	0,549124	0,276554	0,024783	0,000039	70
100	31	1,000000	1,000000	1,000000	1,000000	1,000000	0,999876	0,996870	0,930651	0,633108	0,352520	0,039848	0,000092	69
100	32	1,000000	1,000000	1,000000	1,000000	1,000000	0,999950	0,998450	0,955404	0,710719	0,434421	0,061504	0,000204	68
100	33	1,000000	1,000000	1,000000	1,000000	1,000000	0,999981	0,999263	0,972405	0,779258	0,518803	0,091254	0,000437	67
100	34	1,000000	1,000000	1,000000	1,000000	1,000000	0,999993	0,999664	0,983573	0,837142	0,601945	0,130337	0,000895	66
100	35	1,000000	1,000000	1,000000	1,000000	1,000000	0,999998	0,999853	0,990593	0,883921	0,680336	0,179469	0,001759	65
100	36	1,000000	1,000000	1,000000	1,000000	1,000000	0,999999	0,999938	0,994818	0,920120	0,751105	0,238611	0,003319	64
100	37	1,000000	1,000000	1,000000	1,000000	1,000000	1,000000	0,999975	0,997254	0,946954	0,812311	0,306810	0,006016	63
100	38	1,000000	1,000000	1,000000	1,000000	1,000000	1,000000	0,999990	0,998600	0,966021	0,863048	0,382188	0,010489	62
100	39	1,000000	1,000000	1,000000	1,000000	1,000000	1,000000	0,999996	0,999313	0,979011	0,903377	0,462075	0,017600	61
100	40	1,000000	1,000000	1,000000	1,000000	1,000000	1,000000	0,999999	0,999676	0,987502	0,934128	0,543294	0,028444	60
100	41	1,000000	1,000000	1,000000	1,000000	1,000000	1,000000	1,000000	0,999853	0,992826	0,956629	0,622533	0,044313	59
100	42	1,000000	1,000000	1,000000	1,000000	1,000000	1,000000	1,000000	0,999936	0,996032	0,972433	0,696740	0,066605	58
100	43	1,000000	1,000000	1,000000	1,000000	1,000000	1,000000	1,000000	0,999973	0,997885	0,983091	0,763469	0,096674	57
100	44	1,000000	1,000000	1,000000	1,000000	1,000000	1,000000	1,000000	0,999989	0,998914	0,989995	0,821098	0,135627	56
100	45	1,000000	1,000000	1,000000	1,000000	1,000000	1,000000	1,000000	0,999996	0,999463	0,994291	0,868910	0,184101	55
100	46	1,000000	1,000000	1,000000	1,000000	1,000000	1,000000	1,000000	0,999998	0,999744	0,996859	0,907020	0,242059	54
100	47	1,000000	1,000000	1,000000	1,000000	1,000000	1,000000	1,000000	0,999999	0,999883	0,998334	0,936211	0,308650	53
100	48	1,000000	1,000000	1,000000	1,000000	1,000000	1,000000	1,000000	1,000000	0,999948	0,999148	0,957699	0,382177	52
100	49	1,000000	1,000000	1,000000	1,000000	1,000000	1,000000	1,000000	1,000000	0,999978	0,999581	0,972901	0,460205	51
100	50	1,000000	1,000000	1,000000	1,000000	1,000000	1,000000	1,000000	1,000000	0,999991	0,999801	0,983238	0,539795	50
100	51	1,000000	1,000000	1,000000	1,000000	1,000000	1,000000	1,000000	1,000000	0,999996	0,999909	0,989995	0,617823	49
100	52	1,000000	1,000000	1,000000	1,000000	1,000000	1,000000	1,000000	1,000000	0,999999	0,999960	0,994239	0,691350	48
100	53	1,000000	1,000000	1,000000	1,000000	1,000000	1,000000	1,000000	1,000000	1,000000	0,999983	0,996802	0,757941	47
100	54	1,000000	1,000000	1,000000	1,000000	1,000000	1,000000	1,000000	1,000000	1,000000	0,999993	0,998289	0,815899	46
100	55	1,000000	1,000000	1,000000	1,000000	1,000000	1,000000	1,000000	1,000000	1,000000	0,999997	0,999118	0,864373	45
100	56	1,000000	1,000000	1,000000	1,000000	1,000000	1,000000	1,000000	1,000000	1,000000	0,999999	0,999562	0,903326	44
100	57	1,000000	1,000000	1,000000	1,000000	1,000000	1,000000	1,000000	1,000000	1,000000	1,000000	0,999791	0,933395	43
100	58	1,000000	1,000000	1,000000	1,000000	1,000000	1,000000	1,000000	1,000000	1,000000	1,000000	0,999904	0,955687	42
100	59	1,000000	1,000000	1,000000	1,000000	1,000000	1,000000	1,000000	1,000000	1,000000	1,000000	0,999958	0,971556	41
100	60	1,000000	1,000000	1,000000	1,000000	1,000000	1,000000	1,000000	1,000000	1,000000	1,000000	0,999982	0,982400	40
100	61	1,000000	1,000000	1,000000	1,000000	1,000000	1,000000	1,000000	1,000000	1,000000	1,000000	0,999993	0,989511	39
100	62	1,000000	1,000000	1,000000	1,000000	1,000000	1,000000	1,000000	1,000000	1,000000	1,000000	0,999997	0,993984	38
100	63	1,000000	1,000000	1,000000	1,000000	1,000000	1,000000	1,000000	1,000000	1,000000	1,000000	0,999999	0,996681	37
100	64	1,000000	1,000000	1,000000	1,000000	1,000000	1,000000	1,000000	1,000000	1,000000	1,000000	1,000000	0,998241	36
100	65	1,000000	1,000000	1,000000	1,000000	1,000000	1,000000	1,000000	1,000000	1,000000	1,000000	1,000000	0,999105	35
100	66	1,000000	1,000000	1,000000	1,000000	1,000000	1,000000	1,000000	1,000000	1,000000	1,000000	1,000000	0,999563	34
100	67	1,000000	1,000000	1,000000	1,000000	1,000000	1,000000	1,000000	1,000000	1,000000	1,000000	1,000000	0,999796	33
100	68	1,000000	1,000000	1,000000	1,000000	1,000000	1,000000	1,000000	1,000000	1,000000	1,000000	1,000000	0,999908	32
100	69	1,000000	1,000000	1,000000	1,000000	1,000000	1,000000	1,000000	1,000000	1,000000	1,000000	1,000000	0,999961	31
100	70	1,000000	1,000000	1,000000	1,000000	1,000000	1,000000	1,000000	1,000000	1,000000	1,000000	1,000000	0,999984	30
100	71	1,000000	1,000000	1,000000	1,000000	1,000000	1,000000	1,000000	1,000000	1,000000	1,000000	1,000000	0,999994	29
100	72	1,000000	1,000000	1,000000	1,000000	1,000000	1,000000	1,000000	1,000000	1,000000	1,000000	1,000000	0,999998	28
100	73	1,000000	1,000000	1,000000	1,000000	1,000000	1,000000	1,000000	1,000000	1,000000	1,000000	1,000000	0,999999	27
100	74	1,000000	1,000000	1,000000	1,000000	1,000000	1,000000	1,000000	1,000000	1,000000	1,000000	1,000000	1,000000	26
100	75	1,000000	1,000000	1,000000	1,000000	1,000000	1,000000	1,000000	1,000000	1,000000	1,000000	1,000000	1,000000	25
100	76	1,000000	1,000000	1,000000	1,000000	1,000000	1,000000	1,000000	1,000000	1,000000	1,000000	1,000000	1,000000	24
100	77	1,000000	1,000000	1,000000	1,000000	1,000000	1,000000	1,000000	1,000000	1,000000	1,000000	1,000000	1,000000	23
100	78	1,000000	1,000000	1,000000	1,000000	1,000000	1,000000	1,000000	1,000000	1,000000	1,000000	1,000000	1,000000	22
100	79	1,000000	1,000000	1,000000	1,000000	1,000000	1,000000	1,000000	1,000000	1,000000	1,000000	1,000000	1,000000	21
100	80	1,000000	1,000000	1,000000	1,000000	1,000000	1,000000	1,000000	1,000000	1,000000	1,000000	1,000000	1,000000	20
		0,98	0,96	0,94	0,92	0,9	0,833333	0,8	0,75	0,7	0,666667	0,6	0,5	

p

Tabelle 5: Gauß'sche Glockenkurve

$$\varphi(t) = \frac{1}{\sqrt{2\pi}} \cdot e^{-0,5 \cdot t^2}$$

$$\varphi(z) = \varphi(-z)$$

t	0,00	0,01	0,02	0,03	0,04	0,05	0,06	0,07	0,08	0,09
0,0	0,39894	0,39892	0,39886	0,39876	0,39862	0,39844	0,39822	0,39797	0,39767	0,39733
0,1	0,39695	0,39695	0,39695	0,39695	0,39695	0,39695	0,39695	0,39695	0,39695	0,39695
0,2	0,33344	0,33344	0,33345	0,33347	0,33350	0,33354	0,33358	0,33363	0,33369	0,33376
0,3	0,31292	0,31292	0,31292	0,31292	0,31292	0,31292	0,31292	0,31292	0,31292	0,31292
0,4	0,30486	0,30486	0,30486	0,30485	0,30485	0,30484	0,30483	0,30482	0,30480	0,30479
0,5	0,28669	0,28669	0,28669	0,28669	0,28669	0,28669	0,28669	0,28669	0,28669	0,28669
0,6	0,26492	0,26492	0,26492	0,26492	0,26492	0,26493	0,26493	0,26493	0,26493	0,26494
0,7	0,24519	0,24519	0,24519	0,24519	0,24519	0,24519	0,24519	0,24519	0,24519	0,24519
0,8	0,22628	0,22628	0,22628	0,22628	0,22628	0,22628	0,22628	0,22628	0,22628	0,22628
0,9	0,20708	0,20708	0,20708	0,20708	0,20708	0,20708	0,20708	0,20708	0,20708	0,20708
1,0	0,18809	0,18809	0,18809	0,18809	0,18809	0,18809	0,18809	0,18809	0,18809	0,18809
1,1	0,16980	0,16980	0,16980	0,16980	0,16980	0,16980	0,16980	0,16980	0,16980	0,16980
1,2	0,15223	0,15223	0,15223	0,15223	0,15223	0,15223	0,15223	0,15223	0,15223	0,15223
1,3	0,13546	0,13546	0,13546	0,13546	0,13546	0,13546	0,13546	0,13546	0,13546	0,13546
1,4	0,11959	0,11959	0,11959	0,11959	0,11959	0,11959	0,11959	0,11959	0,11959	0,11959
1,5	0,10474	0,10474	0,10474	0,10474	0,10474	0,10474	0,10474	0,10474	0,10474	0,10474
1,6	0,09095	0,09095	0,09095	0,09095	0,09095	0,09095	0,09095	0,09095	0,09095	0,09095
1,7	0,07828	0,07828	0,07828	0,07828	0,07828	0,07828	0,07828	0,07828	0,07828	0,07828
1,8	0,06675	0,06675	0,06675	0,06675	0,06675	0,06675	0,06675	0,06675	0,06675	0,06675
1,9	0,05637	0,05637	0,05637	0,05637	0,05637	0,05637	0,05637	0,05637	0,05637	0,05637
2,0	0,04714	0,04714	0,04714	0,04714	0,04714	0,04714	0,04714	0,04714	0,04714	0,04714
2,1	0,03901	0,03901	0,03901	0,03901	0,03901	0,03901	0,03901	0,03901	0,03901	0,03901
2,2	0,03194	0,03194	0,03194	0,03194	0,03194	0,03194	0,03194	0,03194	0,03194	0,03194
2,3	0,02588	0,02588	0,02588	0,02588	0,02588	0,02588	0,02588	0,02588	0,02588	0,02588
2,4	0,02073	0,02073	0,02073	0,02073	0,02073	0,02073	0,02073	0,02073	0,02073	0,02073
2,5	0,01642	0,01642	0,01642	0,01642	0,01642	0,01642	0,01642	0,01642	0,01642	0,01642
2,6	0,01287	0,01287	0,01287	0,01287	0,01287	0,01287	0,01287	0,01287	0,01287	0,01287
2,7	0,00997	0,00997	0,00997	0,00997	0,00997	0,00997	0,00997	0,00997	0,00997	0,00997
2,8	0,00763	0,00763	0,00763	0,00763	0,00763	0,00763	0,00763	0,00763	0,00763	0,00763
2,9	0,00578	0,00578	0,00578	0,00578	0,00578	0,00578	0,00578	0,00578	0,00578	0,00578
3,0	0,00433	0,00433	0,00433	0,00433	0,00433	0,00433	0,00433	0,00433	0,00433	0,00433
3,1	0,00321	0,00321	0,00321	0,00321	0,00321	0,00321	0,00321	0,00321	0,00321	0,00321
3,2	0,00235	0,00235	0,00235	0,00235	0,00235	0,00235	0,00235	0,00235	0,00235	0,00235
3,3	0,00170	0,00170	0,00170	0,00170	0,00170	0,00170	0,00170	0,00170	0,00170	0,00170
3,4	0,00122	0,00122	0,00122	0,00122	0,00122	0,00122	0,00122	0,00122	0,00122	0,00122
3,5	0,00087	0,00087	0,00087	0,00087	0,00087	0,00087	0,00087	0,00087	0,00087	0,00087

Handhabung: Zum t-Zeilenwert wird der jeweilige Spaltenwert hinzuaddiert. In der Tabelle ist dann der Funktionswert der Gauß'schen Glockenkurve abzulesen: Bsp.: Gesucht ist $\varphi(1,23)$

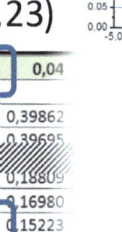

Spalte → 1,2 + Zeile → 0,03 = 1,23

$\varphi(1,23) \cong \underline{\underline{0,15223}}$

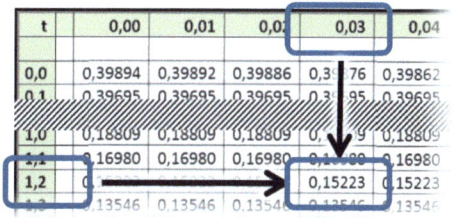

Tabelle 6: Gauß'sche Integralfunktion

$$\phi(z) = \frac{1}{\sqrt{2\pi}} \cdot \int_{-\infty}^{z} e^{-0,5 \cdot t^2} dt \qquad \phi(z) = \phi(-z)$$

z	0,00	0,01	0,02	0,03	0,04	0,05	0,06	0,07	0,08	0,09
0,0	0,50000	0,50399	0,50798	0,51197	0,51595	0,51994	0,52392	0,52790	0,53188	0,53586
0,1	0,53983	0,54380	0,54776	0,55172	0,55567	0,55962	0,56356	0,56749	0,57142	0,57535
0,2	0,57926	0,58317	0,58706	0,59095	0,59483	0,59871	0,60257	0,60642	0,61026	0,61409
0,3	0,61791	0,62172	0,62552	0,62930	0,63307	0,63683	0,64058	0,64431	0,64803	0,65173
0,4	0,65542	0,65910	0,66276	0,66640	0,67003	0,67364	0,67724	0,68082	0,68439	0,68793
0,5	0,69146	0,69497	0,69847	0,70194	0,70540	0,70884	0,71226	0,71566	0,71904	0,72240
0,6	0,72575	0,72907	0,73237	0,73565	0,73891	0,74215	0,74537	0,74857	0,75175	0,75490
0,7	0,75804	0,76115	0,76424	0,76730	0,77035	0,77337	0,77637	0,77935	0,78230	0,78524
0,8	0,78814	0,79103	0,79389	0,79673	0,79955	0,80234	0,80511	0,80785	0,81057	0,81327
0,9	0,81594	0,81859	0,82121	0,82381	0,82639	0,82894	0,83147	0,83398	0,83646	0,83891
1,0	0,84134	0,84375	0,84614	0,84849	0,85083	0,85314	0,85543	0,85769	0,85993	0,86214
1,1	0,86433	0,86650	0,86864	0,87076	0,87286	0,87493	0,87698	0,87900	0,88100	0,88298
1,2	0,88493	0,88686	0,88877	0,89065	0,89251	0,89435	0,89617	0,89796	0,89973	0,90147
1,3	0,90320	0,90490	0,90658	0,90824	0,90988	0,91149	0,91309	0,91466	0,91621	0,91774
1,4	0,91924	0,92073	0,92220	0,92364	0,92507	0,92647	0,92785	0,92922	0,93056	0,93189
1,5	0,93319	0,93448	0,93574	0,93699	0,93822	0,93943	0,94062	0,94179	0,94295	0,94408
1,6	0,94520	0,94630	0,94738	0,94845	0,94950	0,95053	0,95154	0,95254	0,95352	0,95449
1,7	0,95543	0,95637	0,95728	0,95818	0,95907	0,95994	0,96080	0,96164	0,96246	0,96327
1,8	0,96407	0,96485	0,96562	0,96638	0,96712	0,96784	0,96856	0,96926	0,96995	0,97062
1,9	0,97128	0,97193	0,97257	0,97320	0,97381	0,97441	0,97500	0,97558	0,97615	0,97670
2,0	0,97725	0,97778	0,97831	0,97882	0,97932	0,97982	0,98030	0,98077	0,98124	0,98169
2,1	0,98214	0,98257	0,98300	0,98341	0,98382	0,98422	0,98461	0,98500	0,98537	0,98574
2,2	0,98610	0,98645	0,98679	0,98713	0,98745	0,98778	0,98809	0,98840	0,98870	0,98899
2,3	0,98928	0,98956	0,98983	0,99010	0,99036	0,99061	0,99086	0,99111	0,99134	0,99158
2,4	0,99180	0,99202	0,99224	0,99245	0,99266	0,99286	0,99305	0,99324	0,99343	0,99361
2,5	0,99379	0,99396	0,99413	0,99430	0,99446	0,99461	0,99477	0,99492	0,99506	0,99520
2,6	0,99534	0,99547	0,99560	0,99573	0,99585	0,99598	0,99609	0,99621	0,99632	0,99643
2,7	0,99653	0,99664	0,99674	0,99683	0,99693	0,99702	0,99711	0,99720	0,99728	0,99736
2,8	0,99744	0,99752	0,99760	0,99767	0,99774	0,99781	0,99788	0,99795	0,99801	0,99807
2,9	0,99813	0,99819	0,99825	0,99831	0,99836	0,99841	0,99846	0,99851	0,99856	0,99861
3,0	0,99865	0,99869	0,99874	0,99878	0,99882	0,99886	0,99889	0,99893	0,99896	0,99900
3,1	0,99903	0,99906	0,99910	0,99913	0,99916	0,99918	0,99921	0,99924	0,99926	0,99929
3,2	0,99931	0,99934	0,99936	0,99938	0,99940	0,99942	0,99944	0,99946	0,99948	0,99950
3,3	0,99952	0,99953	0,99955	0,99957	0,99958	0,99960	0,99961	0,99962	0,99964	0,99965
3,4	0,99966	0,99968	0,99969	0,99970	0,99971	0,99972	0,99973	0,99974	0,99975	0,99976
3,5	0,99977	0,99978	0,99978	0,99979	0,99980	0,99981	0,99981	0,99982	0,99983	0,99983

Handhabung: Zum z-Zeilenwert wird der jeweilige Spaltenwert hinzuaddiert. In der Tabelle ist dann der Wert der Gauß'schen Integralfunktion abzulesen: Bsp.: Gesucht ist $\phi(0,23)$

Spalte → 0,2 + Zeile → 0,03 = 0,23

$\phi(0,23) \cong \underline{\underline{0,59095}}$

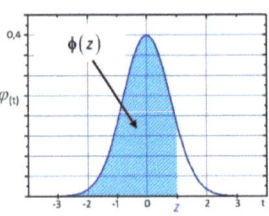

Weitere Skripte: